Blüten und Früchte

Blüten

Grundrosette | Schmetterlingsblüte | Rachenblüte | Lippenblüte | Zungenblüten | Röhrenblüten | Zungen- und Röhrenblüten

Blütenstände

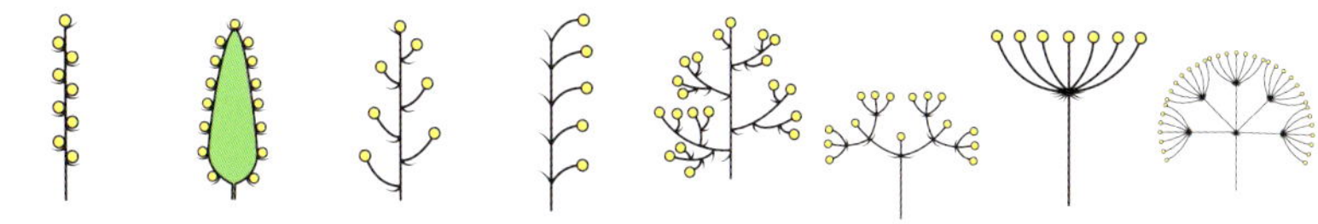

Ähre | Kolben | Traube | einseitswendige Traube | Rispe | Dichasium | Dolde | zusammengesetzte Dolde

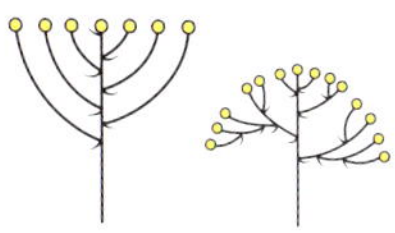

Doldentraube | Doldenrispe

Früchte

Spaltfrucht | Sammelsteinfrucht | Sammelnussfrucht | Apfelfrucht

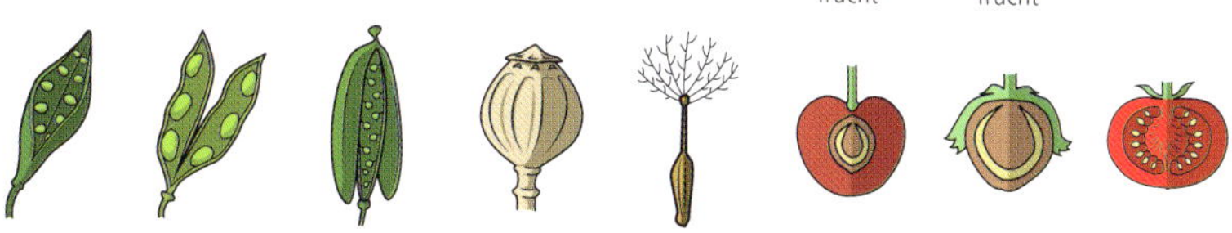

Balg | Hülse | Schote | Kapsel | Achäne mit Schnabel und Pappus | Steinfrucht | Nuss | Beere

Wurzeln

Faserwurzel | Zwiebel | Sprossknolle | Rhizom | Rübe | Wurzelknolle | Pfahlwurzel

OTMAR DIEZ

Unsere essbare Natur

KOSMOS

Inhalt

Im Porträtteil verwendete Symbole

Nicht alle Teile einer Pflanze sind gleichermaßen genießbar. Die 5 Sammelsymbole weisen deshalb darauf hin, welche Teile einer vorgestellten Pflanze du sammeln und verwenden kannst.

- Blätter
- Blüten
- Samen
- Früchte
- Wurzeln

Die porträtierten Pflanzen sind vereinfacht nach ihren Blattmerkmalen eingeteilt, so kannst du sie auch außerhalb der Blütezeit bestimmen. Innerhalb der Blattform sind die Pflanzen alphabetisch geordnet. Die Pilze sind in drei Hauptgruppen eingeteilt und innerhalb dieser zunächst nach der Gattung oder Gruppe, dann alphabetisch.

- einfach, ganzrandig
- gesägt oder gekerbt
- gelappt
- gefingert
- gefiedert
- mehrfach gefiedert
- nadelförmig

Sehnsucht nach Natur

Immer mehr zieht es die Menschen hinaus in die Natur. Wandern, Fahrrad fahren, Campen oder Gärtnern stehen derzeit bei vielen, vor allem der jüngeren Generation, hoch im Kurs.

Zeitschriften und Bücher zu Naturthemen wie Waldbaden und Selbstversorgergarten sowie verschiedenste Naturführer füllen die Regale der Buchhandlungen und Zeitungsauslagen. Das zeigt die Sehnsucht der Menschen nach einem naturbewussteren, vielleicht auch einfacheren und ruhigeren Leben in einer bis in den letzten Winkel vernetzten und unüberschaubaren Welt. Manchen reicht der passive Naturgenuss nicht aus. Sie möchten gerne Wildfrüchte, Wildkräuter, Beeren oder Pilze sammeln und zu leckeren Speisen verarbeiten oder sie aus gesundheitlichen Gründen nutzen. Nachdem unser übliches Essen mit unzähligen Geschmacksverstärkern und anderen unnötigen Inhaltsstoffen angereichert

Momente wie die Farben und Lichtspiele eines Herbstwaldes berühren unsere Seele ganz tief.

und verändert wurde, ist ein Gericht aus unverfälschten Früchten oder selbst gesammelten Pilzen ein unglaubliches neues Geschmackserlebnis. Wild und naturrein!

ERHOLSAME DRAUSSENZEIT

Was gibt es Schöneres, als gemeinsam mit der Familie im Herbst auf die Jagd nach Pilzen und Beeren zu gehen? Als Nebeneffekt davon wirst du schnell erkennen, dass ein Wald nicht die Summe seiner Bewohner ist, sondern ein komplexes und hochfaszinierendes Ökosystem, bei dem alles mit allem in irgendeiner Weise verbunden ist. Letztendlich auch mit uns Menschen. Mich würde es sehr freuen, wenn ich dich dabei unterstützen kann, diese wilden Speisen in der Natur zu finden, sie richtig und ohne Gefahren zu sammeln, um daraus leckere Speisen zu kreieren. Gerne würde ich bei dir die Begeisterung für viele Naturaufenthalte wecken und ich bin mir sicher, dass du schnell erkennen wirst: Natur tut dir einfach richtig gut.
Nimm dir die Zeit, die du im Alltag eher weniger hast, und setze dich draußen für eine Weile an einen schönen Platz. Lausche einfach der Natur, höre die Stimmen des Waldes oder beobachte Tiere in deiner Nähe.

MIT DER NATUR LEBEN

Seit mehr als 30 Jahren versuche ich ein weitgehend naturgemäßes Leben zu führen. Diese Entscheidung war sicherlich die nachhaltigste in meinem Leben. Heute baue ich Gemüse so weit möglich selbst an, kaufe ausschließlich bei Biobauern in der unmittelbaren Umgebung ein und bin fast täglich im Wald unterwegs. Hier sammle ich Wildkräuter, Früchte von Bäumen und Sträuchern und Pilze.

Zeit in der Natur zu verbringen tut immer gut.

In diesem Buch stelle ich die wichtigsten Bäume, Sträucher, Wildkräuter und Pilze vor. Somit hast du in nur einem Begleiter alles zur Hand, um dir das Sammeln in der Natur zu ermöglichen. Wenn du diese Arten im Laufe der Zeit sicher erkennst, hast du schon einen reichen Fundus, der vollkommen ausreicht und dir ein sehr großes Feld für kulinarische Experimente bietet. Falls du dein Wissen weiter vertiefen möchtest, findest du zu jedem Thema großartige Naturführer, Fachbücher oder Seminarangebote. Entsprechende Empfehlungen gebe ich dir am Ende des Buches (S. 256).
Mir ist es wichtig, dass du immer auf die möglichen Verwechslungspartner hingewiesen wirst, diese kennst und sie beim Sammeln in der Natur stets im Hinterkopf behältst. So sollte man beispielsweise den ungenießbaren Gallenröhrling sicher er-

Der erste Pilzfund ist für Erwachsene und Kinder etwas ganz Besonderes.

kennen können, um ihn nicht mit dem leckeren Steinpilz zu verwechseln. Das passiert in der Tat recht häufig. Außerdem möchte ich gerne wichtige Fragen zum richtigen Sammelort, den Bodenverhältnissen und was du beim Ernten beachten solltest, klären. So macht es zum Beispiel in der Tat einen großen Unterschied, ob du Pilze – vor allem die, die du noch nicht sicher kennst – abschneidest, ausdrehst oder aushebelst.

ÜBUNG MACHT DEN MEISTER

Bei Seminaren berichten mir Teilnehmer oft ein wenig verzweifelt, dass sie einfach nichts finden. Das kann ich gut nachvollziehen, weil es mir schon des Öfteren selbst so ergangen ist. Die gute Botschaft ist zum Glück, dass sich das ändern wird, je mehr du interessiert und aufmerksam in der Natur unterwegs bist. Wenn sich deine Augen und dein Gehirn erst einmal auf die verschiedenen Sammelobjekte eingestellt haben, wirst du diese viel leichter finden. Mir geht es heute noch so, wenn ich nach einer Pflanze suche, die ich bisher noch nicht in natura gesehen habe. Oft bleiben die Momente, in denen man vielleicht seinen ersten tollen Speisepilz gefunden hat, ein Leben lang in Erinnerung.
Im Laufe der Zeit wird sich dein Naturerlebnis vollkommen verändern. Entlang von bekannten Wegen steht nun „plötzlich" die Kirschpflaume oder der echte, wilde Holz-Apfel. Dazu hilft dir dein Wissen über die Lebensgemeinschaften von Bäumen und Pilzen ganz sicher, Speisepilze gezielt am richtigen Ort zu suchen.

Essbare Naturschätze sammeln

UNVERFÄLSCHTE NAHRUNGSMITTEL

Wenn man sich mit unserer heutigen Ernährung etwas näher beschäftigt, ist es fast unheimlich, womit wir jeden Tag in Berührung kommen. Es gibt jetzt zwei Möglichkeiten. Entweder du beachtest die „Beipackzettel" auf den Verpackungen der Nahrungsmittel nicht oder du musst dich um eine alternative Ernährung kümmern. Dies kann nur bedeuten, sich – wo immer möglich – mit unverfälschten Nahrungsmitteln möglichst aus der Region zu versorgen. Zum Glück gibt es heute schon fast überall entsprechende Einkaufsmöglichkeiten, egal ob in der Stadt oder auf den Land.

Das zweite Standbein sind Nahrungsmittel aus der Natur, allen voran Wildkräuter, Beeren, Blätter der essbaren Bäume und Pilze. Diese sind nicht nur unverfälscht, sondern voller gesunder Inhaltsstoffe. Du kannst sie draußen sammeln, aber viele wachsen auch in deinem Garten, wenn du ihnen die Gelegenheit dazu gibst. Die wilden Nahrungsmittel haben eine unschlagbare Eigenschaft: Niemand hat an ihnen herumgezüchtet und versucht, sie zu verändern.

MAN MUSS SICH AUSKENNEN

Wenn du Früchte, Wildkräuter oder Pilze aus der Natur sammeln und verzehren möchtest, musst du diese wirklich zu

Einige der gesunden Naturschätze kannst du auch in deinen Garten holen.

Schlehen findet man auch noch bei Frost.

100 Prozent sicher kennen. Du solltest auch in der Lage sein, eine Endkontrolle durchzuführen, falls dir ein lieber Nachbar oder Arbeitskollege entsprechendes Sammelgut schenken möchte. Deshalb ist es wichtig, die Merkmale jeder in diesem Buch vorgestellten Art und die Verwechslungsmöglichkeiten zu beachten. Das funktioniert am allerbesten, wenn du dich den Bäumen, Wildkräutern und Pilzen langsam und ohne Angst annäherst. Schaue dir bei Gelegenheit und zum Kennenlernen ganz besonders die gefährlichen Arten an. Das ist eine sehr kleine Gruppe.

WIE VERGIFTUNGEN ENTSTEHEN

Die Hauptgründe für Vergiftungen sind zum einen die Unkenntnis über Pflanzen und Pilze, Leichtsinn und Überheblichkeit. Hinzu kommen die nicht ordnungsgemäße Zubereitung, unreifes und zu altes Sammelgut und ein gefährliches Vertrauen in die Sachkenntnis anderer Personen. Zum anderen gibt es – vor allem bei den Pilzen – eine häufige Form von falschen Vergiftungen, die ich gerne als Angstvergiftung bezeichne. Gemeint ist hier, dass es eigentlich keinen Grund zur Beunruhigung gibt, bis jemand am Tisch von Vergif-

Löwenzahn verspricht schon im Frühjahr eine reiche Ernte.

In Städten sind Parks oftmals gute Sammelplätze.

tungsberichten aus Zeitungen, Radio oder Fernsehen erzählt. Du kannst sicher sein, dass es nicht lange dauern wird, bis sich die ersten Beschwerden bei dem ein oder anderen einstellen. Solltest du aber doch einmal ernsthaft besorgt sein, dich vergiftet zu haben, kontaktiere am besten eine Giftnotrufzentrale (S. 257).

FAST DAS GANZE JAHR ÜBER SAMMELN

Während des gesamten Jahres kannst du dich mit den hier vorgestellten Arten beschäftigen. Im Frühjahr ist die Zeit der Frühlingskräuter. Es gibt essbare, zarte junge Blätter und Triebe an den Bäumen, die Wildkräuter sprießen und die ersten leckeren Speisepilze, wie die Morcheln, kannst du bereits ab April suchen und finden. Bis in den Winter hinein wirst du Früchte von Sträuchern finden und einige Pilze erscheinen tatsächlich erst dann, wenn es schon mal gefroren hat. Deshalb ist es nicht nötig, Unmengen von einer Art zu sammeln, denn es gibt ja das ganze Jahr über immer wieder neue Funde zu kosten. So bist du wunderbar in den jahreszeitlichen Ablauf eingebunden und freust dich vielleicht auf eine bestimmte Zeit, in der es dann ganz spezielle Pflanzen oder Pilze gibt. Es macht nicht glücklicher und zufriedener, wenn man tatsächlich immer alles zur Verfügung hat. Lebt man ein bisschen mehr wie unsere Vorfahren, weiß man die unterschiedlichen Gaben der Natur schnell zu schätzen.

SAMMELPLÄTZE

Plätze zum Sammeln von Wildkräutern, Baum- und Strauchfrüchten und Pilzen gibt es viele. Der Platz, an den die wenigsten zuerst denken, ist der eigene Garten.

Dein Garten

Je mehr Natur du zulässt, desto vielseitiger sind die Möglichkeiten. Auf einer artenreichen Wiese wachsen die Wildkräuter, die mit diesem Standort zurechtkommen, von ganz alleine. Du kannst auch Samen und Pflanzen heimischer Wildkräuter, wie etwa Bärlauch, kaufen und je nach Bodenbeschaffenheit anpflanzen. Essbare Sträucher als Hecke oder Solitärstrauch gepflanzt können dir wunderbare Beeren liefern. Der ein oder andere Speisepilz kann sich hier von alleine ansiedeln, alternativ kannst du einige auch leicht züchten, zum Beispiel auf Holzstämmen. So hast du den denkbar kürzesten Weg zu den wilden Pflanzen, Beeren und Pilzen und kannst sie entsprechend oft in deine Ernährung integrieren.

Wiesen und Weiden

Es gibt durchaus noch extensiv genutzte Flächen in der Landschaft. Schaue dich in deiner Region danach um und sprich mit dem Besitzer, damit du dort sammeln darfst. Hier kannst du unter anderem Löwenzahn, Giersch, Gundermann, Labkräuter und Sauerampfer oder Champignons und den Parasol finden. Oft sind diese Lebensräume mit Hecken umsäumt, wo einige der die heimischen „Superfoods“, die Beeren, wachsen.

Wilde Ecken im Garten bieten Wildkräutern ein Zuhause.

Parkanlagen

Wenn du in einer Stadt lebst, kannst du nach großräumigen Parkanlagen und nahen Wäldern im Stadtbereich oder am Stadtrand Ausschau halten. In der Regel sind die Parks nicht auf der gesamten Fläche gepflegt, sondern es gibt Bereiche, die entweder gar nicht oder nur sehr selten gemäht werden. Wenn dann keine Hunde-Gassi-Strecke vorbeiführt, sind das durchaus gute Möglichkeiten, um Wildkräuter zu finden. In vielen Parks wachsen meist auch ganz verschiedene Baumarten mit ihren Begleitpilzen.

Unsere Wälder

Wälder bieten dir zu allen Jahreszeiten tolle Sammelmöglichkeiten. Je nach Beschaffenheit wachsen hier die meisten Pilze, die Bäume mit den entsprechenden Früchten und einige der wichtigsten Wildkräuter, wie der Waldmeister. Du wirst deinen Wald schnell immer besser kennen und lieben lernen und herausfinden, was es hier alles gibt.

WO MAN NICHT SAMMELN SOLLTE ODER DARF

Sammeln ist für uns nur da sinnvoll, wo Bäume, Sträucher, Wildpflanzen und Pilze nicht durch Autoabgase, Beeinträchtigungen aus der Landwirtschaft oder sonstige Einschränkungen belastet sind. Demnach sind Straßen- und Ackerränder keine geeigneten Sammelstellen, ebenso wenig Hunde-Gassi-Wege.

In Naturschutzgebieten ist das Sammeln nicht erlaubt.

Natürlich müssen wir auch Eigentumsverhältnisse und Naturschutzrechtliche Gebiete beachten. Naturschutzgebiete sind für uns tabu! Die Naturschutzbehörden geben gerne darüber Auskunft, wie der Schutzstatus einer Landschaft ist, und auch im Internet wirst du an entsprechenden Stellen fündig. Oft findest du auch vor Ort Hinweisschilder, die dir zeigen, was erlaubt ist und was nicht.

ZECKEN

Keine Frage, die Gefahr in der Natur auf Zecken zu treffen, die FSME oder Borreliose übertragen können, ist in den letzten Jahren stark gestiegen. Von Südeuropa wandern die Erreger mit den Zecken Richtung Norden. Gegen FSME kann man sich impfen lassen, gegen Borreliose jedoch nicht. Schützen kann du dich durch entsprechende Kleidung, die den Zecken möglichst keine Möglichkeit gibt, auf deine Haut zu gelangen. In der Apotheke gibt es spezielle Sprays, die ich seit den letzten Jahren nutze. Das Wichtigste ist es, sich selbst und vor allem Kinder nach einem Aufenthalt im Freien gründlich anzuschauen. FSME wird bereits mit dem Biss der Zecke übertragen, Borreliose erst Stunden später. Hat man eine schon festgebissene Zecke entdeckt, sollte diese schnell und fachmännisch entfernt werden. Wenn man das selbst nicht kann, bleibt nur der Weg in die Arztpraxis. Beobachte mögliche Einstichstellen noch für längere Zeit, ob typische kreisförmige Hautrötungen erscheinen. Dann bleibt nur der schnelle Weg zum Arzt.

FUCHSBANDWURM

Die Ansteckungsgefahr mit dem Fuchsbandwurm sehe ich persönlich als viel geringer an. Vor allem ist sie kein Problem der „wilden Natur“ mehr, da der Fuchs schon lange zu einem der erfolgreichsten Kulturfolger geworden ist und mittlerweile mitten in unseren Städten, Dörfern und auch Gärten lebt. In Deutschland werden jedes Jahr etwa 50 neue Fälle der Erkrankung an dem gefährlichen Parasiten registriert. Um mögliche Gefahren zu minimieren, ist es immer ratsam, gesammelte Früchte oder Pflanzen ordentlich zu waschen. Die Eier des Fuchsbandwurmes sterben beim Kochen bei Temperaturen über 60 Grad Celsius zuverlässig ab, nicht jedoch im Gefrierschrank. Die meisten Erreger werden im Übrigen durch das Kuscheln mit Hunden übertragen.

Komplexe Ökosysteme

BIN ICH SAUER ODER KALKREICH?

Pflanzen und Pilze, die nur auf Böden mit ganz bestimmten pH-Wert wachsen können, geben Aufschluss über die Zusammensetzung des Bodens. Das bedeutet, dass man schon anhand des Bewuchses einer Landschaft auf den Säure- oder Kalkgehalt des Bodens schließen und entsprechende weitere Arten erwarten kann, die hier vorkommen können. Säure- oder Kalkgehalt des Bodens können aber auch mittels Indikatorpapier oder Säuren gemessen werden. Ein pH-Wert um 7 gilt als neutral. Werte unter 6,5 gelten als sauer und über 7,5 als basisch oder kalkhaltig.

Je nach Bodenbeschaffenheit entstehen ganz unterschiedliche und sehr komplexe Ökosysteme von Pflanzen und anderen Organismen. Einige von ihnen wie Pilze und Bäume gehen sogar enge Verbindungen ein und leben in einer symbiotischen Gemeinschaft (S. 165).

SÄUREZEIGER

Der Säuregrad eines Bodens hängt zum einen vom Ausgangsgestein, der Belastung der Luft durch Schadstoffe und den Pflanzen, die darauf wachsen, ab. Die saure Streu der Nadelbäume versauert den Boden am Standort ganz maßgeblich. Auf sauren Böden kommen entsprechende Pilze, wie etwa die be-

Gelbe Windröschen sind ein Hinweis auf kalkhaltigen Boden.

Der Specht-Tintling ist ein Zeigerpilz für Kalk.

kannten Speisepilze aus der Gruppe der Röhrlinge vor. Dazu gehören der Maronen-, der Sand- und der Kuh-Röhrling sowie der Wiesel-Täubling oder der Trompeten-Pfifferling. Pflanzen, die sauren Boden anzeigen, sind beispielsweise Heidel- und Preiselbeeren oder das Heidekraut. In einem Nadelwald mit Heidelbeeren und Nadelbäumen stehen daher die Chancen nicht schlecht, auch Maronen-Röhrlinge zu finden.

KALKZEIGER

Von einem kalkhaltigen Boden spricht man, wenn Kalziumkarbonat in größeren Mengen enthalten ist. Zeigerpflanzen für einen Kalkboden sind der Echte Seidelbast, die Wiesen-Schlüsselblume, das Leberblümchen und das Gelbe Windröschen. Wichtige Zeigerpilze sind der Satans-Röhrling, der Specht-Tintling und der Mönchskopf.

Heidelbeeren wachsen auf sauren Böden.

Sich im Porträtteil zurechtfinden

Die Hauptfotos der vorgestellten Art zeigen **wichtige Merkmale** und häufig gesuchtes **Sammelgut**.

Symbolische Darstellung, welche **Pflanzenteile kulinarisch** genutzt werden können, bzw., ob der Pilz zu den Röhren- oder Lamellenpilzen gehört. Legende im Inhaltsverzeichnis.

Wissenschaftliche Einordnung der Pflanzen und Pilze.

Charakteristika für die **sichere Bestimmung** der Arten mit Hinweisen auf giftige, ungenießbare oder essbare **Doppelgänger**.

Heidelbeere

Vaccinium myrtillus · Heidekrautgewächse · April–Mai · H 25–40 m

MERKMALE: Sommergrüner und stark verzweigter Strauch, mit scharfkantigen Zweigen und kantig gerieften Trieben. Die kahlen, elliptischen bis eiförmigen Blätter laufen spitz zu. Bis zu 7 mm lange, hängende und oft rot überlaufene Blüten wachsen einzeln aus Blattachseln. Die schwarz- oder dunkelblauen, bereiften, runden Früchte erreichen max. 10 mm im Durchmesser und haben blaues Fruchtfleisch. Tiefrote Herbstfärbung.
VORKOMMEN: Zeigerpflanze für saure Böden. Nährstoff- und basenarme Heidelandschaften, lichte Laub- und Nadelwälder, gerne in Kiefernwäldern und Gebirgsfichtenwäldern.

VERWECHSLUNG: Mit der leicht giftigen Rauschbeere *(V. uliginosum)*, mit rundem Stängel. Das Innere der Beeren ist hell.

120

Zusätzliche Abbildung zu wichtigen **Bestimmungsmerkmalen** mit Hinweistexten für charakteristische Merkmale.

Die Sortierung nach Blattform erleichtert das Sammeln und Bestimmen der Pflanzen auch außerhalb der Blüte- und Erntezeit. Die Pilze sind nach **Röhren-, Lamellen- und sonstigen Pilzen** sortiert. Innerhalb der Blattform oder der Pilzgruppe sind die Arten alphabetisch sortiert.

Heidelbeere

SUPERFOODS AUF DEM WALD

Du musst keine der Superfoods kaufen, die um die halbe Welt transportiert werden, denn es gibt sie direkt vor der Haustür. Beeren gehören zu den gesündesten Nahrungsmitteln überhaupt und die Heidelbeere gilt als Königin der antioxidativen Früchte. Besonders die entzündungshemmenden Anthocyane sind wichtig für uns. Sie fangen freie Radikale ab und verhindern gefährliche Ablagerungen in den Arterien, die auf Dauer zu Gefäßverengungen und zum Herzinfarkt führen können. Die kalorienarmen Heidelbeeren enthalten außerdem reichlich Vitamin C. Du kannst mit den frischen Beeren Kuchen, Marmelade, Quark, Eis, Smoothies, Lassi, Saft oder Likör zubereiten. Getrocknet nutze ich sie im Frühstücksmüsli. Die jungen Blätter sind oft Bestandteil von Teemischungen.

Die Rauschbeere hat einen holzigen Stamm, ähnliche Beeren, runde Zweige und ganzrandige Blätter.

Weiteres Merkmal der porträtierten Art oder eine **Doppelgänger-Art**, die giftig, ungenießbar oder essbar ist.

Getrocknete, abgekochte Beeren sind aufgrund der enthaltenen Gerbstoffe und Pektine bei unspezifischen akuten Durchfallerkrankungen und als Gurgelmittel bei leichten Entzündungen von Mund- und Rachenschleimhaut ein beliebtes Volksheilmittel. Im Zweiten Weltkrieg wurde der positive Effekt von Heidelbeeren auf die Augen bei Piloten beobachtet. In Studien wurde belegt, dass die enthaltenen Anthocyane die kleinen Blutgefäße im Auge und damit die Sehkraft stärken.

Heidelbeer-Muffins

80 g Butter, 250 g Zucker und 1 Pck. Vanillezucker schaumig rühren, Eier dazugeben und cremig aufschlagen. 1 TL Backpulver, ½ TL Salz und 200 g Mehl mischen, mit 100 ml Milch verrühren und zur Butter-Zucker-Ei-Masse geben. Zum Schluss 200 g mehlbestäubte Heidelbeeren vorsichtig unterheben. In Förmchen für 20 Min. bei 180 Grad backen.

ZEIGERPFLANZE

Sogenannte Zeigerpflanzen geben Aufschluss darüber, wie der Boden beschaffen ist, auf dem sie wachsen, denn sie sind auf bestimmte Bedingungen angewiesen. Die Heidelbeere ist ausschließlich in sauren Waldgebieten zu finden und so weißt du sofort, welche Pilze hier ebenfalls vorkommen.
Dazu gehören der Flockenstielige Hexen-Röhrling (S. 186), der Maronen-Röhrling (S. 196), Sand- und Kuh-Röhrling (S. 208 und 206), die Heide-Rotkappe, der Wiesel-Täubling und der Trompeten Pfifferling (S. 242). Sie alle sind essbar.

121

Interessante Hintergrundinformationen zum **kulinarischen** und **heilkundlichen Gebrauch** sowie der Kulturgeschichte. Hinweise auf **Verwechslungsmöglichkeiten** und deren Unterscheidung.

Aus der Erfahrung heraus erprobtes **schmackhaftes Rezept**.

Essbare Wildkräuter

Wilde Kräuter essen

SEIT URZEITEN WERTVOLL

Unsere essbaren Wildpflanzen sind seit Urzeiten beinahe unverändert und absolut Natur pur. Sie stecken voller Inhaltsstoffe, die für unsere Gesundheit wichtig sind. Ist es nicht verrückt, dass wir aus Salaten und Gemüse die Bitterstoffe herauszüchten, die uns bei der Leber- und Gallenentgiftung unterstützen? Diese gibt es dann als Nahrungsergänzungsmittel in der Drogerie zu kaufen. Aus den rauen Gesellen kannst du auch schmackhafte Speisen zaubern. Zugegeben, sie schmecken nicht gleich jedem, denn unsere Geschmacksknospen sind eher die süßen, gezüchteten Variationen gewöhnt. Fange deshalb langsam an, Wildkräuter wie Löwenzahn, Brennnessel, Bärlauch und Co. in deine Mahlzeiten zu integrieren und unterschätze nicht die Wirkung, welche diese auf deinen Körper haben können. Bereite dir zunächst einen normalen Salat mit nur einem kleinen Anteil Wildpflanzen zu. Du kannst ihn dann schrittweise anheben. Und ich habe noch eine große Bitte. Versuche nicht dogmatisch, andere zu überzeugen, die neuen Speisen zu verzehren, weil diese so gesund sind. Mehr Erfolg hast du sicherlich, wenn sie schon beim Sammeln dabei sein und sich im eigenen Tempo dafür begeistern dürfen.

Wildkräuter stecken voll wertvoller Inhaltsstoffe und bereichern jeden Speiseplan.

VITAMINE, NÄHRSTOFFE UND MEHR

Oft wird unterschätzt, wie hoch die Konzentration mancher Inhaltsstoffe in Wildkräutern eigentlich ist. Deshalb ist es gerade am Anfang wichtig, nicht zu glauben „je mehr desto besser“ und die Ernährung von einem Tag auf den anderen von Fastfood auf Löwenzahn umzustellen. Beobachte mögliche Reaktionen deines Körpers.

Ätherische Öle

Die leicht flüchtigen, aromatisch riechenden, öligen Wirkstoffgemische mischen sich nicht oder nur wenig mit Wasser. Bisher wurden über 3.000 Einzelsubstanzen nachgewiesen, von denen in einzelnen ätherischen Ölen bis zu 200 identifiziert werden konnten. Sie werden hautsächlich über eine Wasserdampfdestillation aus den Pflanzen gewonnen. Sie wirken vor allem antimikrobiell, antimykotisch, entzündungswidrig, harntreibend, verdauungs- und appetitfördernd, blähungstreibend, entkrampfend und beruhigend. Ätherische Öle sind in den meisten wohlriechenden Pflanzen enthalten, beispielsweise in

Bibernelle, Salbei, Thymian, Beifuß, Schafgarbe, Wermut, Johanniskraut und Holunder.

Bitterstoffe

Wie der Name schon vermuten lässt, schmecken Bitterstoffe bitter. Diese Stoffe wirken hauptsächlich auf sämtliche Funktionen des Magen-Darm-Traktes und regen die Verdauungssäfte im Magen, der Leber und der Bauchspeicheldrüse an. Wir unterscheiden drei Arten: reine Bitterstoffe, Bitterstoffe mit zusätzlichen Wirkungen von ätherischen Ölen und Bitterstoffe, denen Scharfstoffe beigemengt sind. Besonders sind diese in Beifuß, Löwenzahn, Schafgarbe und der Wegwarte zu finden.

Löwenzahn enthält Bitterstoffe, die die Verdauung unterstützen.

Flavonoide

Flavonoide sind gelbe oder gelblich orange, wasserlösliche Farbstoffe. Diese wirken vor allem auf unser Immunsystem, den Kreislauf, die Leber und das Herz. Weiter haben sie harntreibende, gefäßerweiternde, blutdrucksenkende, gerinnungshemmende und galleanregende Eigenschaften. Nicht zu vergessen ihre große Bedeutung als Antioxidantien und ihre positive Wirkung beim Zellstoffwechsel und zur Gefäßabdichtung. Heute weiß man um den krankheitsvorbeugenden Effekt einer flavonoidreichen Nahrung. Du findest diese Stoffe in nahezu allen Obst- und Gemüsesorten.

Saponine

Saponine wirken seifenähnlich. Das kannst du beispielsweise beobachten, wenn du Efeublätter in Wasser gibst und fest schüttelst. Es bilden sich seifige Schaumblasen. Pflanzen mit diesen Inhaltsstoffen sind als schleimlösende Mittel bekannt. Sie verflüssigen fest sitzenden Schleim und erleichtern das Abhusten, außerdem verbessern sie die Aufnahme weiterer Wirkstoffe. Saponine sind unter anderem in Gänseblümchen, Kastanien, Efeu und der Birke zu finden.

Schleimstoffe

Aufgrund ihrer reizmildernden und einhüllenden Wirkung spielen Schleimstoffe eine große Rolle sowohl in der Medizin als auch der Naturheilkunde. Entsprechende Pflanzen werden bei Reizhusten oder Halsschmerzen und Entzündungen der Schleimhäute angewendet. Im Verdauungstrakt legen sich die Pflanzenschleime wie eine schützende Schicht über die Schleimhäute und mildern dadurch Entzündungen. Sie kommen zum Beispiel in den Wegericharten vor.
Andere wichtige Inhaltsstoffe sind Glykoside, Gerbstoffe, Kieselsäure und die vielen Vitamine, Mineralstoffe sowie Spurenelemente.

Kräuter sammeln

WIE MAN PFLANZEN GUT KENNENLERNT

Immer wieder treffe ich Menschen, die sich eigentlich schon gut mit Wildkräutern auskennen und trotzdem kein Vertrauen haben, diese zu verspeisen. Vorsicht ist beim Verzehr von Sammelgut aus der Natur immer wichtig und man muss zu 100 Prozent sicher sein, was in den Topf oder die Pfanne kommen soll.
Allein auf Literatur oder gar Apps würde ich mich, vor allem zu Beginn, nicht verlassen. Sie eignen sich ganz wunderbar zum Bestimmen und Eingrenzen, die letzte Sicherheit erlangst du aber am besten bei Kräuterwanderungen oder Seminaren mit erfahrenen Personen. Es ist ein großer Unterschied, ob du die Pflanzen nur aus der Theorie kennst, oder diese schon mal live gesehen oder noch besser in den Händen gehalten hast. Nutze die Möglichkeiten, die du in deiner Region findest, damit du besonders im Frühjahr lernst, die Wildkräuter nur an den Blättern zu erken-

Beginne mit einfachen Pflanzen wie Giersch.

Grabgabeln eignen sich zum Ausgraben von Wurzeln.

nen. Beginne zunächst mit den Wildkräutern zu arbeiten, die du sicher kennst. Das könnte etwa die Brennnessel, der Löwenzahn, das Gänseblümchen oder der Giersch sein. Nach und nach lernst du weitere Pflanzen kennen, die du schon bald ohne Zweifel mit einem Blick erkennen wirst.

WIE UND WANN

Zum Sammeln von Kräutern benötigst du kein aufwendiges Equipment. Ein luftiger Korb, ein Messer oder eine Schere reichen vollkommen aus. Wenn du Wurzeln verwenden möchtest, benötigst du einen Spaten oder noch besser eine Grabgabel, damit keine Wurzeln beschädigt werden. Die beste Sammelzeit ist von 10–15 Uhr. In dieser Zeitspanne haben die Pflanzen besonders viele Aromen.
Da unterschiedliche Pflanzenteile zu verschiedenen Zeiten unterschiedlich viele Wirkstoffe enthalten, solltest du immer die Teile ernten, in denen gerade die meisten Wirkstoffe eingelagert sind.
Die Blätter erntet man möglichst im jungen Zustand, bevor die Pflanze zu blühen beginnt, denn dann sind sie am gehaltvollsten und voller Power. Je älter sie werden, umso mehr Bitterstoffe werden eingelagert und sie werden herber und zäher. Während der Blütezeit und bis zur beginnenden Samenbildung, steckt die meiste Pflanzenenergie in den Blüten. Sobald die Pflanze in die Ruhephase übergeht, werden die Energie und Wirkstoffe in den Samen und unterirdischen Teilen eingelagert.

Papiertüten sind ideal für die Aufbewahrung getrockneter Kräuter.

TROCKNEN UND AUFBEWAHREN

Viele Wildkräuter wie Brennnessel, Schafgarbe, Majoran oder Quendel kannst du wunderbar trocknen und so für viele Monate haltbar machen. Holzrahmen mit einem feinen Gitter, auf denen die Pflanzen luftig trocknen können, kannst du dir leicht selbst bauen oder auf Flohmärkten danach Ausschau halten. Zum Aufbewahren eignen sich Papiertüten, Gläser oder alte Apothekengefäße.
Deine gesammelten und getrockneten Kräuter kannst du entweder einzeln aufbewahren oder aus verschiedenen Pflanzen einen Haustee oder eine eine Würzmischung zusammenstellen. Selbst hergestellte und schön verpackte Naturprodukte sind übrigens sehr beliebte und geschätzte Geschenke für Familie, Freunde und Bekannte.

Kräuter verwerten

Du hast noch nie einen Kochkurs besucht geschweige denn sonst irgendwelche Vorkenntnisse in der Küche? Mein Tipp: einfach anfangen! Wenn du Rühreier hinbekommst, dann gib ab sofort klein geschnittene Kräuter dazu. Fertig!
Ich stelle dir in diesem Buch einige unkomplizierte, aber köstliche Rezepte vor, für die du nicht unzählige Zutaten besorgen musst. Am Ende sollen dir die fertigen Speisen schmecken, denn niemand wird lange Wildkräuter verzehren, nur weil sie gesund sind.
Mir macht es eine unglaubliche Freude, wenn ich auf dem Weg unserer Vorfahren wandle und so oft es geht von dem lebe, was mir die Natur zur Verfügung stellt. Wild und voller Naturenergie.

KRÄUTERBROT

Die einfachste Variante ist es, Wildkräuter roh auf einem Brot zu essen – sowohl ganze als auch klein geschnittene Blätter. Dazu eignen sich beispielsweise die Knoblauchsrauke und der Bärlauch. Wie du schnell merken wirst, haben viele Kräuter für uns zunächst einen sehr herben und bitteren Geschmack. Doch genau das macht sie – unter anderem – so gesund.

SALAT MIT WILDKRÄUTERN

Löwenzahn, Gundermann, Giersch oder auch Spitzwegerich lassen sich sehr gut unter einen Salat mischen. Mit einem schmackhaften Dressing und indem du zunächst einen höheren Anteil herkömmlicher Salate verwendest, lässt sich der ungewohnte Geschmack leicht kompensieren. Nach Belieben kannst du immer mehr Wildkräuter dazugeben und du wirst schnell feststellen, wie fad und geschmacklos unsere Gartengemüse- und Salate mittlerweile geworden sind.

STREUWÜRZE

Seit einigen Jahren stelle ich eine eigene Gewürzmischung aus Natur und Garten her. Immer wenn ich Kräuter im optima-

Brunnenkresse mit Kräuterquark

Kopfsalat mit bunten Wildkräutern

Fehlt einem Gericht noch das gewisse Etwas, schafft Streuwürze Abhilfe.

len Erntestadium finde, nehme ich einige Blätter und Blüten mit. Das können Bärlauch, Quendel, Wilder Majoran, Gundermann, Salbei, Brennnessel, Giersch oder Schafgarbe sein. In meinem Garten wachsen verschiedene Thymian- und Oreganoarten, Basilikum und Rosmarin. Ich trockne und vermische sie und zerkleinere sie im Mörser oder der Küchenmaschine. Dazu kommen Salz und Pfeffer. Je nach Zusammensetzung der Mischung kommt jedes Jahr ein anderer Geschmack zum Vorschein. Mittlerweile ist „meine" Streuwürze auch ein beliebtes Geschenk.

KRÄUTERSALZ

Universell nutzbar und schnell hergestellt ist ein Kräutersalz. Hierzu nimmst du Salz, Pfeffer, Chiliflocken und Kräuter, die du im Laufe des Jahres sammelst. So kommen immer neue Aromen mit dazu. Zum Trocknen eigenen sich beispielsweise wilder Majoran, Quendel, Knoblauchsrauke und Bärlauch, auch wenn er etwas von seinem Aroma verliert. Mische und zerkleinere alle Zutaten in einer Küchenmaschine oder mit dem Mörser. Du kannst die Anteile der einzelnen Bestandteile deinem Geschmack anpassen. Falls du Küchenkräuter zur Hand hast, kannst du diese selbstverständlich mit verwenden.

Vollkornbrot mit Kräuterbutter und essbaren Blüten

KRÄUTERBUTTER

Während der Kräuterzeit kannst du dir schon einen kleinen Vorrat an Kräuterbutter anlegen und das ganze Jahr über genießen. Als Basis eignet sich normale Butter aber ebenso vegane Varianten. Gib die weiche Butter mit den klein geschnittenen Kräutern und für den ganz besonderen Geschmack, einige getrocknete und schon gewürzte Tomaten in einen Mixer. Zusätzlich einen Schuss Olivenöl und Gewürze nach deinem Geschmack dazugeben. Das Ganze gut mixen, abschmecken und in passende Gefäße abfüllen. Im Gefrierfach hält sich die Butter bis zu einem Jahr. Geeignete aromatische Kräuter sind Bärlauch, Brunnenkresse, Knoblauchsrauke, Quendel, Wilder Majoran, Gundermann in kleinen Mengen und typische Küchenkräuter. Probiere immer mal wieder andere Mischungen aus.

Kräuterquark passt gut zu Bratkartoffeln.

KRÄUTERQUARK

Kräuterquark gehört zu den einfachsten Kräuterrezepten. Du benötigst Quark und die gewünschten Kräuter. Bärlauch und Knochlauchsrauke eignen sich besonders gut. Kräutersalz bringt zusätzlichen Geschmack. Er schmeckt wunderbar zu Bratkartoffeln oder Rühreiern.

KRÄUTER-KARTOFFELPÜRREE

Ich liebe dieses Gericht, vor allem weil es sehr einfach zu machen ist und großartig schmeckt. Ich benutze dafür gerne unsere Küchenmaschine, aber ein normaler Topf funktioniert natürlich auch. Zunächst eine Zwiebel zerkleinern und mit etwas Butter andünsten, dann drei bis vier mittelgroße, rohe Kartoffeln, Kräuter wie Giersch und Brennnessel sowie 250 ml Wasser dazugeben. Spinatblätter passen auch wunderbar dazu. Für 15 Minuten köcheln lassen und anschließend pürieren. Kurz vor Ende kommen Gewürze wie Muskatnuss, Kurkuma und Kräutersalz hinzu und wer mag, verfeinert noch mit einem Schuss Sahne . Das Püree schmeckt ausgezeichnet zu den verschiedensten vegetarischen und fleischhaltigen Gerichten. Es steckt voller Power und ist schnell und unkompliziert zubereitet.

KRÄUTERKNÖDEL

Für dieses Rezept kannst du ganz einfach übrig gebliebene Brötchen verwenden. Du brauchst sechs 2–3 Tage alte Brötchen, 3 Eier, 250 ml Milch, 1 fein gehackte Zwiebel, Muskatnuss, 1 Prise Salz sowie Pfeffer und Semmelbrösel für die Bindung. Außerdem natürlich Wildkräuter wie, beispielsweise Bärlauch, Knoblauchsrauke oder auch Brennnessel. Die Brötchen in kleine Würfel schneiden und 30–45 Minuten in warmer Milch einweichen, Zwiebeln in

Kräuterknödel mit zerlassener Butter

Gebackene Brennnesselblätter als Salat-Topping

Butter andünsten. Gewürze, Eier, eine Handvoll gehackter Wildkräuter und Zwiebeln zu den Brötchen geben und gut durchkneten. Reibe deine Hände mit Mehl ein und forme feste Knödel. Wasser mit etwas Salz in einem Topf erhitzen und 15–20 min köcheln lassen. Sobald die Knödel nach oben steigen, sind sie fertig und können mit zerlassener Butter vefeinert werden.

GEBACKENE BLÄTTER UND BLÜTEN

Die Blätter von Brennnessel und anderen Kräutern schmecken in Teig ausgebacken sehr lecker. Bereite aus Mehl, Milch und Eiern einen geschmeidigen Teig zu. Erhitze Öl in einer Pfanne, zieh die ganzen Brennnesselblätter durch den Teig und backe sie dann direkt aus. Sie sehen besonders schön

Pesto schmeckt superlecker und eignet sich wunderbar, um Kräuter wie Bärlauch haltbar zu machen.

aus, wenn die Blattform erhalten bleibt. Wunderbar knusprig, zieren sie nicht nur den Salat, sondern schmecken auch fantastisch.

PESTO

Eine der einfachsten Möglichkeiten, Wildkräuter zu nutzen und zu konservieren, ist die Herstellung von Pesto. Du benötigst würzige Wildkräuter wie Bärlauch, Knoblauchsrauke, Gartenkräuter oder mal eine etwas gewagtere Mischung aus Brennnesseln, Giersch und Löwenzahn. Ich nehme 200 ml Olivenöl, eine Handvoll Kräuter, eine Knoblauchzehe, 50 g geröstete Pinienkerne, 50 g Parmesan, getrocknete Tomaten und, falls erforderlich, mein Kräutersalz. Alle Zutaten im Mixer gut zerkleinern und in Gläser abfüllen. Das Pesto hält im Kühlschrank einige Monate und gibt vielen Speisen erst den richtigen Pfiff.

Kräuteröl mit Wildem Dost und Chili

KRÄUTERÖL

Öle werden beim Kochen und bei der Zubereitung von Salaten und Ähnlichem ständig benötigt. Ein gutes Kräuteröl verfeinert mit seinen Aromen die Speisen ganz besonders. Besorge dir eine schöne Flasche, welche du gerne in deine Küche stellst. Fülle Blätter, Blüten und Blütenknospen von Bärlauch, Knoblauchsrauke oder vom wilden Majoran und Quendel hinein und übergieße sie mit einem guten Olivenöl. Du kannst nach deinem Geschmack noch Knoblauch und einige Chillischoten hinzugeben. In den nächsten Wochen gehen die verschiedenen Aromen in das Öl über.

KRÄUTERSUPPE

Du benötigst 100 g Butter, 100 g Mehl, 1 klein geschnittene Zwiebel, 1 l Wasser, 0,25 l Milch oder Sahne sowie Gewürze nach Belieben. Zerlasse die Butter in einem Topf und dünste die Zwiebel darin an. Dann streust du das Mehl darüber, lässt es langsam anbräunen und gibst dann unter ständigem Rühren das Wasser dazu. Anschließend Milch und am Ende die Wildkräuter in die Suppe geben. Der Geschmack wird immer ein wenig anders sein und richtet sich nach der Menge und den verwendeten Kräutern. In die Neun-Kräuter-Suppe kommen typischerweise Brennnessel, Giersch, Vogelmiere, Gänseblümchen, Löwenzahn, Wegerich, Sauerampfer, Bärlauch und Taubnessel. Einfach und lecker!

Veganer Hummus mit Wildkräutern

Kräuterfrikadellen mit wilden Beilagen

Kräuterpfannkuchen mit Pilzen

HUMMUS

Du benötigst 50 g Blätter von Wildkräutern, beispielsweise Bärlauch, Knoblauchsrauke oder Giersch, 2–3 EL Pflanzenöl, 2–3 EL Kichererbsenwasser, 120 g getrocknete Kichererbsen, 1 TL Zitronensaft, Salz und gemahlenen Kreuzkümmel. Zunächst weichst du die getrockneten Kichererbsen über Nacht in kaltem Wasser ein. Die Kichererbsen abgießen und für etwa eine Stunde in frischem Wasser weich kochen. Wieder abgießen und einen Teil des sogenannten Kichererbsenwassers aufbewahren. Alternativ kannst du auch ein Glas bereits gekochter Kichererbsen im Supermarkt kaufen. Jetzt gibst du die restlichen Zutaten dazu und pürierst sie zu einer cremigen Masse. Sollte diese zu fest werden, kannst du etwas vom Kichererbsenwasser dazugeben. Passt wunderbar zu Falafel, Gemüseburgern, Bratkartoffeln und Grillgemüse.

KRÄUTERFRIKADELLEN

Stelle aus Eiern, Semmelbröseln und Hackfleisch oder einer vegetarischen Alternative eine Frikadellenmasse her und mische die gehackten Wildkräuter unter. Dazu eignen sich beispielsweise Brennnessel, Giersch, Bärlauch, Quendel, Vogelmiere oder wilder Majoran. Zu Frikadellen formen und in der Pfanne ausbacken. Dazu passen Ofenkartoffeln und Kräuterquark.

KRÄUTERPFANNKUCHEN

Bereite aus Mehl, Milch, Eiern, einer Prise Salz und Zucker einen herzhaften Pfannkuchenteig zu. Du kannst klein geschnittene Kräuter entweder direkt in den Teig mischen oder die zusammengerollten Pfannkuchen später damit füllen. Giersch,

Kräutertee aus Schafgarbe, Salbei und Frauenmantel steckt voller Heilkraft.

Knoblauchsrauke oder Brennnesseln eignen sich gut dafür. Dazu passen Kräuterquark und Pilze.

TEE

Die Heilkraft von Wildkräutern kannst du in Form eines Teeaufgusses nutzen. Sammle die Blätter, Blüten und Wurzeln, wenn sie am meisten Nährstoffe enthalten (S. 23). Soweit erforderlich, werden sie zunächst gereinigt, dann getrocknet und schließlich in geeigneten Behältnissen aufbewahrt. Ich nutze hierzu braune Schraubgläser, wie sie früher in Apotheken verwendet wurden. Du kannst sortenreine Tees herstellen oder Mischungen, in denen mehrere Wildkräuter mit gleichen oder ähnlichen Eigenschaften kombiniert werden beispielsweise einen Tee für die Frühjahrskur bestehend aus Brennnessel, Birke und Löwenzahn. Solche Tees sind allerdings keine Durstlöscher, sondern wirken immer auf deinen Körper und sollten nur für einige Wochen getrunken werden.

SMOOTHIE

Seit einigen Jahren sind Smoothies sehr bekannt und populär geworden. Das Prinzip ist einfach. Bitter schmeckende Wildkräuter werden zusammen mit Obst zu einem Getränk gemixt. So kannst du weniger schmackhafte, aber dafür besonders gesunde und kraftvolle Zutaten mit anderen kombinieren, die dir schmecken. Für Smoothies eignen sich die zarten Blätter von Wildkräutern und Bäumen, Gemüse und Früchte. Besonders Beeren, Datteln, Feigen und Minze verbessern den Geschmack herberer Kräuter und Blätter. Bitte beachte, dass viele Obstsorten einen hohen Fruchtzuckeranteil haben. Vom heimischen Obst kann ich besonders Äpfel, Birnen und vor allem Beeren, das „Superfood" aus der Natur empfehlen. Probiere verschiedene Kombinationen mit unterschiedlichen Kräutern, bis du dein Lieblingsrezept findest.

WURZELKAFFEE

Die Wurzeln von Löwenzahn und Wegwarte kannst du vom Herbst bis ins Frühjahr ausgraben. Gründlich putzen und in möglichst gleichmäßige, etwa 0,5 cm breite Scheiben schneiden und an der Luft oder auf dem Dörrgerät komplett durchtrocknen lassen. Anschließend röstest du sie langsam, bei niedriger Temperatur und ohne Fett in der Pfanne bis sie gleichmäßig braun geworden sind. Abkühlen lassen und in einer Kaffeemühle oder in der Küchenmaschine fein mahlen. Pro Tasse verwende ich einen gehäuften Teelöffel Wurzelkaffee und lasse ihn etwa 1 Minute ziehen. Der Kaffee sieht zwar aus wie Bohnenkaffee, der Geschmack ist allerdings viel „wilder". Deshalb rate ich dir, deinen ersten selbst hergestellten Wurzelkaffee nicht gleich bei einer Familienfeier auf den Tisch zu stellen, wie ich das vor vielen Jahren einmal gemacht habe. An den bitteren Geschmack muss man sich in der Tat erst langsam gewöhnen.

Kaffee aus Löwenzahnwurzeln

KRÄUTERLIMONADE

Diese Limonade sorgt im Sommer für wilde Erfrischung. Verwende am besten eine Flasche mit einer größeren Öffnung, damit du die Kräuter später wieder leicht herausnehmen kannst. Gib deine Kräuter wie Giersch, Holunder- oder Mädesüßblüten, Brennnesselblätter und ein wenig Gundermann in die Flasche und fülle sie mit Wasser auf. Auch Gartenkräuter wie Minze oder die Zitronenverbene sind gut geeignet. Damit das Wasser den Geschmack der Kräuter annimmt, solltest du die Limonade einige Stunden oder auch über Nacht ziehen lassen. Verfeinern kannst du sie mit einen Schuss Kräutersirup oder Apfelsaft.

Erfrischende Kräuterlimonade mit Mädesüß und Giersch – das perfekte Getränk für den Sommer.

Bärlauch

Allium ursinum · Lauchgewächse · April–Mai · H 10–40 cm

MERKMALE: Mehrjährige Zwiebelpflanze mit charakteristischem Knoblauchgeruch. Aus der Zwiebel wachsen ab Anfang März meist 2 Blätter. Diese sind 3-kantig, langgestielt, breit-lanzettlich und spitz zulaufend. Die Blattoberseite ist dunkelgrün, die Unterseite etwas heller mit parallelen Nerven und einer markanten Mittelrippe, welche beim Knicken des Blattes knackt. Blütendolde mit zahlreichen, sternförmigen weißen Blüten.
VORKOMMEN: kalkhaltige, schattige und nährstoffreiche Laubmischwälder, Auwälder, Auen entlang von Bächen.
VERWECHSLUNG: Herbstzeitlose *(Colchicum autumnale)*, Gefleckter Aronstab *(Arum maculatum)*, Maiglöckchen *(Convallaria majalis)*.

ENDLICH BÄRLAUCHZEIT

Scharenweise ziehen Menschen in den letzten Jahren in die Wälder, um Bärlauch zu suchen. Zum einen wegen des charakteristischen Knoblauchgeschmacks, aber auch, weil er unfassbar gesund ist! Das wussten schon unsere Vorfahren und so ist es nicht verwunderlich, dass bereits Römer und Germanen diese Wildpflanze sehr schätzten. Bekannte Gelehrte und Heiler vergangener Zeit kamen richtig ins Schwärmen. So gehen beispielsweise Pfarrer Künzle und auch Maria Treben ganz besonders auf die Wirkung des Bärlauchs auf Magen, Darm und Blut ein. Von Maria Treben stammt der Satz: „Gewaltige Heilkräfte schlummern in ihm und es wird erzählt, dass auch Bären nach ihrem Winterschlaf nach ihm suchen, um sich damit Magen, Darm und Blut zu reinigen."

Bärlauch hat die gleichen Inhaltsstoffe und wirkt wie Knoblauch. Das sind im besonderen Maße Schwefelverbindungen wie beispielsweise Alliin. Diese Stoffe entgiften unseren Körper, sind entzündungshemmend, keimtötend und wirken antibakteriell. Außerdem enthält Bärlauch mehr als doppelt so viel Vitamin C wie Orangen.

Bärlauch-Gewürzpaste

12 g Bärlauchblätter sehr fein hacken. Mit 15 g Salz und 100 ml Olivenöl zu einer Paste vermischen. In Gläser abfüllen. Die Gewürzpaste hält sich im Kühlschrank einige Wochen.

Die Blütenknospen eignen sich in der Küche ganz wunderbar als pikanter Kapernersatz.

NICHT ZUM TROCKNEN GEEIGNET

Am wertvollsten sind die jungen Blätter, die ab Mitte März sprießen. Sie verändern ihre Farbe, werden härter, zäher und faserig, sobald die Blüten gebildet werden, denn dann geht die Pflanzenenergie in diese über. Du kannst die Blütenknospen als Kapernersatz oder in Öl eingelegt nutzen. Die Blüten eignen sich als Dekoration und für Kräuterbutter. Unterschätze nicht, wie pikant sie schmecken können. Die reifen Samen eignen sich als Gewürz. Nutze Bärlauch möglichst frisch, denn beim Trocknen verliert er einen Großteil seines Aromas. Du kannst mit den Blättern Omelett, Bratkartoffeln, Spätzle und Suppen aromatisieren oder sie auf einem Butterbrot genießen. Um Bärlauch haltbar zu machen, eignen sich Pestos und Bärlauchbutter.

Exkurs: Achtung, Bärlauch-Doppelgänger!

Wer Bärlauch sammelt, muss seine Verwechslungspartner ganz genau kennen. Immer wieder höre ich, es sei ja einfach, den Bärlauch an seinem Knoblauchgeruch zu erkennen. Im Prinzip stimmt das, denn keiner seiner Doppelgänger riecht danach. Allerdings sollte man bedenken, dass schon nach ein paar Minuten des Sammelns alle Finger den Geruch angenommen haben und somit auch ein Maiglöckchenblatt in der Hand scheinbar nach Knoblauch duftet.

ARONSTAB

Ab Anfang März sprießen zeitgleich die ersten noch eingerollten Blätter von Aronstab und Bärlauch. In dieser Phase sind die beiden schwer auseinanderzuhalten.

Zwei Blätter, die aus einem runden Stängel wachsen, sind typisch für Maiglöckchen.

Sobald die Blätter älter werden, sind die Blattunterschiede deutlicher zu erkennen. Die Blattnerven des Aronstabs sind netzförmig, während sie beim Bärlauch parallel verlaufen. Außerdem sind die Blätter des Aronstabs pfeilförmig und violett gefleckt. Im Gegensatz zum Bärlauch besitzt er einen Wurzelstock.

MAIGLÖCKCHEN

Etwa Mitte April erscheinen die Blätter des Maiglöckchens, die dem Bärlauch äußerst ähnlich sehen. Beim Maiglöckchen wachsen in der Regel zwei Blätter aus dem Stiel. Aus einer Bärlauchzwiebel entspringen zwar ebenfalls zwei Blätter, sie sprießen aber einzeln aus dem Boden. In jedem Maiglöckchenbestand wirst du allerdings auch Stiele mit einem Blatt finden, deshalb sind noch weitere Merkmale zu beachten. Der Blattstiel des Maiglöckchens ist rund, beim Bärlauch ist er 3-kantig. Außerdem knackt und bricht die Mittelrippe des Bärlauchblatts, wenn man sie biegt. Maiglöckchenblätter sind ebenfalls parallel-nervig, aber auf der Oberseite blaugrün, auf der Unterseite glänzend. Die Blätter des Bärlauchs haben eine hellgrüne Ober- und eine matte Unterseite. Maiglöckchen haben zudem keine Zwiebel. Die Verwechslung von Bärlauch und Maiglöckchen stellt für mich die größte Gefahr dar. Wenn beide am selben Standort vorkommen, heißt es, genau hinzuschauen.

HERBSTZEITLOSE

Während der Bärlauch eine Waldpflanze ist, wächst die tödlich giftige Herbstzeit-

Von links nach rechts: Maiglöckchen, Aronstab, Bärlauch und Herbstzeitlose.

lose meist auf feuchten Wiesen und Weiden. Gefährlich wird es in den Übergangsbereichen. Die Blätter der Herbstzeitlose sind länglich-oval und wachsen direkt, ohne Stiel und ineinandergewickelt aus einer Rosette, die Oberseite glänzt stark. Die Blüten erscheinen erst im Herbst.
Im Jahr 2021 kam es in Deutschland tatsächlich zu zwei tödlichen Verwechslungen von Bärlauch mit der Herbstzeitlose. Eine Vergiftung äußert sich durch Brennen im Mund gefolgt von Magenkrämpfen, Übelkeit, Erbrechen, Durchfall und Schluckbeschwerden.

IMMER KONZENTRIERT

Die Bärlauch-Doppelgänger wachsen oft am selben Standort und dort auch durcheinander. Deshalb ist es wichtig, dass man beim Sammeln konzentriert und bei der Sache ist, sonst können leicht die falschen Blätter in den Korb wandern.
Ich erlebe immer wieder, dass Menschen massenhaft Bärlauch sammeln und dabei sehr oft auch einen hastigen Eindruck machen. Dann kann es leicht zu Verwechslungen kommen. Grün sind sie ja alle. Nimm dir deshalb Zeit, sorgfältig hinzuschauen.
Schaust du genau hin, kannst du vielleicht auch noch mehr entdecken: Wachsen im Bärlauchwald auch Schlüsselblumen, Seidelbast und junge Wald-Erdbeeren, sind hier im Frühjahr meist auch Morcheln (S. 234 und 236) zu finden. Auch viele Weinbergschnecken, die dir kalkreichen Boden anzeigen, sind ein guter Hinweis.

Große Klette

Arctium lappa · Korbblütengewächse · Juli–September · H 60–150 cm

MERKMALE: Zweijährige Pflanze. Im ersten Jahr wachsen große Blätter in Bodennähe. Diese sind gestielt und herzförmig. Im zweiten Jahr wächst ein mehrfach verzweigter Stängel mit einer Höhe von bis zu 1,50 m. Blätter werden nach oben hin kleiner. Die roten bis violetten Blütenkörbchen bestehen aus Röhrenblüten und erinnern an Distelblüten. Sie wachsen doldentraubig an den Zweigenden und haben viele stachelartige Hüllblättchen mit einer hakenförmig umgebogenen Spitze. Die Wurzeln sind bis zu 1 m lang und spindelförmig.

VORKOMMEN: Wegränder, stillgelegte Äcker, Brachland, Schuttplätze.

VERWECHSLUNG: Filzige Klette *(A. tomentosum)*, deren Blütenkörbchen spinnwebartig filzig überzogen sind. Ebenfalls nutzbar.

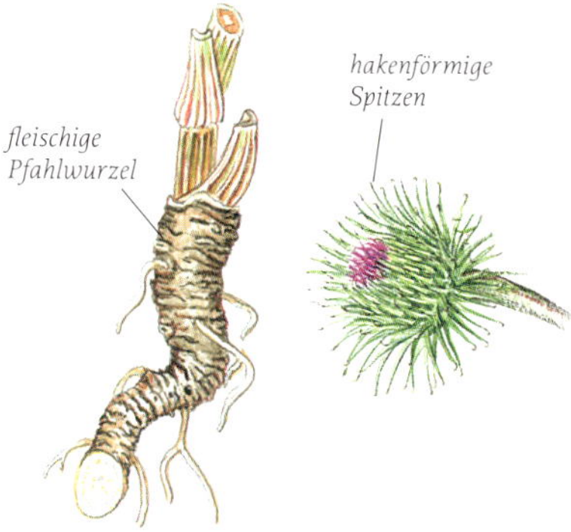

VORBILD FÜR DEN KLETTVERSCHLUSS

Wer sich viel in der Natur aufhält, hat sicherlich schon mit den Früchten der Klette Bekanntschaft gemacht – ob unfreiwillig oder gar mit Absicht. Allzu groß ist die Verlockung für Kinder zu versuchen, einige der Klettfrüchte an der Kleidung anderer zu platzieren. Kein Wunder also, dass sich Menschen von den Eigenschaften ihrer Widerhaken zur Entwicklung neuer Produkte inspirieren ließen. 1951 war es dann der Belgier Mestral, der sich den Klettverschluss patentieren ließ. Heute wird er in unzähligen Einsatzgebieten verwendet.

VIELSEITIG IN DER KÜCHE

Die langen Blattstängel kannst du als Gemüse zubereiten. Hierzu schälst du sie und verarbeitest sie anschließend ähnlich wie Spargel oder Schwarzwurzel. Die Stängel der Blätter sind mit Mark gefüllt, das man in einem Gemüsebrei verarbeiten kann. Junge Triebspitzen lassen sich für Gemüsepürees, Pesto und in Salaten nutzen. Die geschroteten Samen eignen sich zum Pressen von Öl. Von Herbst bis Frühjahr kannst du die bis zu langen Wurzeln ausgraben und diese roh in einen Salat raspeln oder als Koch- und Backgemüse zubereiten. Sie müssen vorher geschält werden. Die Blätter sind sehr bitter und eignen sich nicht für den Verzehr.

Die Blütenkörbchen der Filzigen Klette wirken wie mit Spinnweben überzogen.

Gekochte Klettenwurzel

250 g Klettenwurzeln waschen, schälen und in kleine Stücke schneiden. Etwa 20 Minuten lang leicht kochen, eine Zwiebel klein schneiden. Wurzeln abgießen und einen kleinen Teil Kochwasser auffangen. Zwiebeln in 1 EL Butter glasig andünsten, Wasser und Wurzeln zugeben, mit Salz und Pfeffer würzen. Weitere 10 Minuten köcheln lassen und mit Sahne verfeinern. Passt zu Reis oder Kartoffeln.

GESUNDE KLETTE

Die Große Klette enthält zahlreiche Mineralien, blutreinigende, blutzuckersenkende, harn- und schweißtreibende sowie entzündungshemmende Wirkstoffe. Das Klettenwurzelöl ist bekannt als Mittel bei Haarausfall. Es soll die Durchblutung und das Haarwachstum anregen. Tee aus der Klettenwurzel wird bei Gallen- und Leberbeschwerden sowie bei Gicht und Rheuma getrunken.

Großer Sauerampfer

Rumex acetosa · Knöterichgewächse · April–Juli · H 30–100 cm

MERKMALE: Ausdauernde Pflanze, welche bis zu 1,5 m tief wurzelt. Der Stängel wächst aufrecht, ist leicht geriffelt und teilweise rötlich gefärbt. Die unteren Blätter sind pfeilförmig und spitz, ihre spießigen Enden sind nach unten gerichtet. Der Blattrand ist glatt, die unteren Blätter sind lang-, die oberen kurzgestielt und stängelumfassend. Die Blüten sind unscheinbar, klein, rötlich und locker angeordnet.
VORKOMMEN: Weiden, Wiesen, Wegränder, Fluss- und Bachufer.
VERWECHSLUNG: Andere essbare Ampferarten wie der Krause Ampfer *(R. crispus)* oder Blut-Ampfer *(R. sanguineus)*. Mit jungen Blättern des giftigen Gefleckten Aronstab *(A. maculatum)* mit abgerundeten Pfeilenden.

BEKANNT SCHON BEI DEN ÄGYPTERN

Von Ägyptern, Griechen und Römern ist bekannt, dass sie Sauerampfer wegen seiner verdauungsanregenden Wirkung nutzten, wenn die Speisen wieder einmal zu fett geraten waren. Sein säuerlich-frischer Geschmack kann dem Essen eine ganz besondere Note verleihen. Junge Blätter kannst du roh und vorsichtig dosiert in Salaten, Kräuterquark und Mixgetränken oder auch gegart beispielsweise in Omeletts, Suppen oder Mischgemüse verwenden. Ältere Blätter können sehr herb und zäh sein. In der Neunkräutersuppe und der Frankfurter Grünen Sauce darf der Sauerampfer auf keinen Fall fehlen. Die jungen Blätter des Krausen Ampfer sind ebenso zu verwenden. Die knospigen Blütenstände sowie die Triebspitzen kannst du gegart in Eintöpfe und Gemüsepfannen geben. Wenn du Samen gesammelt hast, kannst du diese in der Winterzeit zu Sprossen auskeimen lassen und verzehren.

REICHLICH VITAMIN C

Der Sauerampfer enthält neben Oxalsäure auch Kaliumbioxalat, Eisen, Flavonglykoside, Hyperosid, Vitamin B1, B2, B6, E sowie Gerb- und Bitterstoffe und in beträchtlichem Maße Vitamin C. In der Volksmedizin wurde Sauerampfer zur Vorbeugung von Blutarmut, bei Beschwerden im Magen- und Darmbereich sowie wegen seiner blutreinigenden und wassertreibenden Wirkung meist als Tee getrunken.

Da Sauerampfer Oxalsäure enthält, welche in größeren Mengen und über einen langen Zeitraum eingenommen zu Nierenschäden führen kann, sollte man nicht zu viel davon essen. Das betrifft jedoch nur den Rohgenuss. Da Calcium Oxalsäure bindet, macht der gleichzeitige Verzehr von Milchprodukten sie unschädlich. Oxalsäure ist zudem wasserlöslich und kann durch Kochen aus der Pflanze entfernt werden. Das Kochwasser darf nicht verwendet werden.

Die unteren Blätter sind stängelumfassend und besitzen eine pfeilförmige Spitze.

Sauerampfer-Pesto

In einer Pfanne ohne Fett 200 g Pinien- oder Sonnenblumenkerne rösten. Einen Bund Sauerampfer und eine Knoblauchzehe kleinschneiden. Kerne und Sauerampfer mit 4 EL Olivenöl, 300 g geriebenem Parmesan, etwas Salz und Pfeffer in den Mixer geben. Das cremige Pesto schmeckt lecker zu verschiedenen Nudelgerichten.

Quendel, Feld-Thymian

Thymus pulegioides · Lippenblütengewächse · Juni–September · H 5–20 cm

MERKMALE: Ausdauernde, aromatisch duftende Pflanze mit vierkantigem Stängel, der am Grund verholzt. Die Kanten sind stark behaart. Triebe kriechen am Boden und streben bis zu 20 cm in die Höhe. Bildet bei guten Bedingungen dichte Matten. Die Blätter sind eiförmig, bis zu 20 mm lang, 10 mm breit und gegenständig. Zahlreiche purpurrosa Blüten in Scheinquirlen am Stängelende.
VORKOMMEN: Trockene, sonnige, bevorzugt kalkreiche Standorte, Trockenrasen, Wege.
VERWECHSLUNG: Mit weiteren Thymianarten wie z. B. dem Frühblühenden Thymian *(T. praecox)* und dem Sand-Thymian *(T. serpyllum)*, welche genauso genutzt werden können.

DER „ECHTE" QUENDEL

Es ist zum Teil etwas verwirrend, wenn von „Quendel" oder „Thymian" gesprochen wird. *Thymus pulegioides* ist die Wildform und in unseren Gefilden heimische Pflanze. Sie wird auch Wilder Thymian, Breitblättriger Thymian, Gemeiner oder Gewöhnlicher Thymian sowie Feld- oder Arzneithymian genannt. Der Echte Thymian ist dagegen eine Pflanze aus dem Mittelmeerraum.

Quendel wächst sehr gern auf den trockenen Böden in lichten Kieferwäldern. Wald-Kiefern sind Symbiosepartner vieler Schmierröhrlinge. In ihrer Umgebung findest du beispielweise den Butterpilz (S. 202), den Ringlosen Butterpilz, den Körnchen-Röhrling, den Kuh-Röhrling (S. 206) oder auch den Kiefern-Reizker (S. 210).

Der eher seltene Sand-Thymian kommt meist auf kalkarmen und basenreichen Sandböden vor.

HEILKRÄFTIGES GEWÜRZ

Hildegard von Bingen bezeichnete den Quendel, neben Galgant und Bertram, als das wichtigste Gewürz. Er ist eines der aromatischsten Kräuter in unserer Küche und etwas schärfer im Geschmack als der Echte Thymian. Besonders bei mediterranen Speisen darf er nicht fehlen. Blüten und Blätter kannst du sowohl frisch geerntet als auch getrocknet in vielen Gerichten nutzen. So beispielsweise für Kräuterbutter, Quark, Salate, Fleisch- und Kartoffelgerichte, Eierspeisen, Marinaden, Eintöpfe, Suppen oder Gemüse. Er gehört auf jeden Fall in eine Kräutersalzmischung.

Da er reich an Gerb- und Bitterstoffen ist, unterstützt Quendel die Verdauung. Heute wird der Echte Thymian aufgrund des höheren Thymol-Anteils meist häufiger eingesetzt als Quendel. Beide werden dank ihrer antibakteriellen und desinfizierenden Wirkung vor allem zur Behandlung von Erkältungskrankheiten, leichteren Magen- und Darmerkrankungen, Reizhusten oder Blähungen verwendet.

Quendelkekse nach Hildegard

400 g Dinkelmehl, 100 g Butter, 30 g Rohrzucker, 70 g gemahlene Mandeln, eine Prise Salz, etwas Wasser und zwei Eigelb zu einem Teig vermengen. 15 g getrocknete Quendelblätter und -blüten dazugeben und 30 Minuten ruhen lassen. Dünn ausrollen und Kekse ausstechen. Bei 180 Grad für 15 Minuten backen.

Scharbockskraut

Ranunculus verna · Hahnenfußgewächse · März–Mai · H 5–20 cm

MERKMALE: Ausdauernde Frühlingspflanze mit meist am Boden anliegendem oder geneigtem, kahlen Stängel. Die Blätter sind langgestielt, rundlich bis herzförmig und haben eine glänzende Oberseite. Blattrand ganzrandig bis schwach gekerbt. Die sternförmige, glänzend gelbe, 2–3 cm große Blüte steht einzeln und hat 8–11 Blütenblätter und drei Kelchblätter. In Bodennähe bilden sich nach der Blüte Brutknöllchen, aus denen sich neue Triebe entwickeln.

VORKOMMEN: Bachläufe, Ufer, Böschungen, feuchte Gräben und Wiesen, Laub- und Auwälder.

VERWECHSLUNG: Die Blätter mit der stark giftigen Haselwurz (*Asarum europaeum*) sowie mit verschiedenen Veilchenarten *(Viola)* und der essbaren Knoblauchsrauke (*Alliaria petiolata*).

Blätter glänzend, rundlich bis herzförmig

SAMMELN VOR DER BLÜTE

Wenn die ersten Sonnenstrahlen im Frühjahr den Boden langsam erwärmen, erscheinen die Blätter des Scharbockskrauts. Jetzt gilt es, die Zeit zum Sammeln zu nutzen, denn es enthält das schwach giftige Toxin Protoanemonin. Mit dem Austrieb der Blüten steigt der Giftgehalt in den Blättern fortschreitend deutlich an. Du solltest die Blätter daher ausschließlich vor der Blüte und nur in kleineren Mengen sammeln.
Sobald die Blätter und Blüten ihre Aufgaben erfüllt haben, werden „Pflanzenenergie“ und Nährstoffe in kleine Wurzelknöllchen eingelagert. Da diese Feigwarzen ähneln, wurden sie traditionell gegen Warzen verwendet. Der scharfe Saft der Wurzelknollen kann Warzen tatsächlich „wegätzen“, trotzdem wird das Scharbockskraut heute in der Heilkunde nicht mehr verwendet.

REICH AN VITAMIN C

Unsere Vorfahren schätzten das Scharbockskraut als erstes Grün und Vitamin-C-Quelle im Frühjahr. Besonders als Heilmittel gegen die Frühjahrsmüdigkeit und

Von oben: die Blätter der essbaren Knoblauchsrauke, des Scharbockskrauts und der giftigen Haselwurz.

Skorbut, eine Krankheit, die aufgrund von Vitamin-C-Mangel entsteht. Daher auch der Name Scharbockskraut, denn Scharbock ist eine alte Bezeichnung für Skorbut. Die frischen Blätter schmecken leicht säuerlich und etwas scharf. Sie eignen sich wunderbar für Kräuterquark, Salate, Mixgetränke, Suppen oder Eierspeisen. In den Blattachseln bilden sich weiße, essbare Brutknospen, die leicht nussig schmecken. Du kannst sie ab April sammeln und wie die Blätter nutzen. Allerdings gilt: nicht übertreiben. Mehr als eine Handvoll pro Tag solltest du nicht zu dir nehmen, denn auch die jungen Blätter enthalten Protoanemonin. In größeren Mengen aufgenommen kann dieses zu Übelkeit, Erbrechen oder Durchfall führen. Du kannst das mit einer Geschmacksprobe gut erkennen. Je schärfer die Blätter schmecken, desto mehr Protoanemonin enthalten sie.

Wildkräuterfrischkäse

200 g Frischkäse, eine kleine Frühlingszwiebel, einige getrocknete Tomaten, Salz, Pfeffer und die geschnittenen Blätter von Scharbockskraut, Bärlauch, Sauerampfer, Gundermann, Vogelmiere und Löwenzahn vermischen. Stehen nicht viele frische Kräuter zur Verfügung, eignet sich die Streuwürze (S. 24) für mehr Aroma. Auf einem guten Brot genießen.

Spitz-Wegerich

Plantago lanceolata · Wegerichgewächse · Mai – September · H 10 – 40 cm

MERKMALE: Ausdauernde, bis zu 40 cm hohe Pflanze mit tiefen Wurzeln. Grundständige Blattrosette. Die Blätter sind schmal lanzettlich, ungestielt, bis zu 2 cm breit und 20 cm lang, oben zugespitzt und am Grund deutlich verschmälert. 3 – 7 markante, längs verlaufende Blattnerven. Blütenstand mit unscheinbaren Blüten auf langem, dünnem und kantig gefurchtem Stängel.

VORKOMMEN: Wegränder, Gärten, Unkrautflure, Wiesen.

VERWECHSLUNG: Mit Mittlerem Wegerich *(P. media)* und Breit-Wegerich *(P. major)*, beide mit breiteren Blättern. Diese können genauso verwendet werden.

NOTFALLPFLASTER IMMER DABEI

Oft findet man die Wegerich-Arten nahe beieinander. Mittlerer und Breit-Wegerich wachsen besonders gerne auf viel begangenen Pfaden und sind sogenannte Trittpflanzen.
Schon der griechische Arzt Dioskurides beschrieb zwei verschiedene Wegericharten und man findet viele weitere Berichte und Erfahrungen im Laufe der Jahrhunderte. Der bekannte Kräuterpfarrer Künzle hielt den Spitz-Wegerich für eines der wichtigsten Naturheilmittel überhaupt und schrieb dazu: „Den Wegerich hat der liebe Gott an alle Wege gestreut, in alle Wiesen und Raine gesetzt, damit wir ihn stets bei der Hand haben; denn er ist unstreitig das erste, beste und häufigste aller Heilkräuter."
Spitz-Wegerich wirkt stark entzündungshemmend, blutreinigend, harntreibend und schleimlösend. Daher wird er vor allem bei Atemwegserkrankungen wie Husten, Asthma, Bronchitis und Erkältungen verwendet. Besonders die Anwendung als Notfallpflaster bei Insektenstichen schätzen die Menschen auch heute noch.

Den Breitwegerich erkennst du an den deutlich breiteren Blättern. Der Mittlere Wegerich liegt dazwischen.

So manches weinende Kind konnte dank Spitz-Wegerich an Ort und Stelle Linderung erfahren. Hierzu musst du die frischen Blätter nur etwas walken und drücken, bis ein wenig des heilsamen Saftes hervortritt. Dann kannst du sie direkt auf den Stich drücken. Spitz-Wegerich hilft außerdem bei Hautkrankheiten, Abszessen, Schwellungen oder Ausschlägen.

Wohltuender Hustensirup

Eine Handvoll klein geschnittener Spitz-Wegerichblätter in flüssigen Honig geben. Alternativ mit braunem Zucker in ein Glas schichten. Für einige Wochen ziehen lassen, dann abseihen. Bei Erkältungssymptomen kannst du den Honig im Mund zergehen lassen oder zum Süßen eines Tees verwenden.

IN DER KÜCHE

Die jungen Blätter lassen sich prima in Salaten, Spinat, Gemüse, Mixgetränken oder einem Omelett verwenden. Ich nutze hierfür die etwas zarteren Blätter aus der Rosettenmitte und schneide sie quer zu den sehr ausgeprägten Fasern. Ab Mai kannst du die Blütenknospen knabbern. In der Pfanne angedünstet entwickeln sie einen champignonartigen Geschmack.

Vogelmiere

Stellaria media · Nelkengewächse · März–Oktober · H 5–30 cm

MERKMALE: Einjährige, niederliegende bzw. bodendeckende und fast ganzjährig anzutreffende Pflanze. Der Stängel ist rundlich, einreihig behaart und kann bis zu 40 cm lang werden. Die Blätter sind ganzrandig, eiförmig, zugespitzt und gegenständig. Die Blüten bestehen aus 5 bis zum Grund tief eingeschnittenen Blütenblättern. Sie sind sternförmig und bis zu 7 mm groß. Im Blütenzentrum befinden sich 3 violette Staubbeutel.
VORKOMMEN: Gärten, Weg- und Waldränder, Äcker und Stilllegungsflächen.
VERWECHSLUNG: Mit anderen Sternmieren, dem Hornkraut *(Cerastium arvense)* sowie dem rot und blau blühenden Acker-Gauchheil *(Anagallis arvensis)*, der einen vierkantigen Stängel besitzt.

OFT ALS LÄSTIGES UNKRAUT ENTSORGT

Die Vogelmiere ist eine einjährige Zeigerpflanze für sehr nähstoff- und stickstoffhaltige Böden. In mehreren Generationen bringt sie Tausende Samen hervor, die schon bei wenigen Grad über null keimen. Sie wächst im Garten zwischen Gemüsekulturen oder den Salatbeeten, auf Acker- oder Wiesenflächen und kann bis zu 40 cm hoch werden. Wenn du einen Stängel vorsichtig auseinanderziehst, kommt im Inneren eine darmartige Struktur zum Vorschein, der sogenannte „Hühnerdarm".

Viele Menschen sind verwundert, wenn sie die Vogelmiere zum ersten Mal als „Superfood" kennenlernen. Meist wird sie nur als lästiges Unkraut wahrgenommen und entsprechend ausgerissen. Dabei ist sie ein leckeres Kraftpaket. Du kannst dieses Wildkraut fast das ganze Jahr über finden und ernten. Selbst unter einer Schneedecke mitten im Winter konnte ich diese unschätzbare Quelle für Vitamine und Mineralien schon entdecken. Sie enthält erheblich mehr Calcium, Kalium, Magnesium und siebenmal so viel Eisen wie Kopfsalat.

Von der Vogelmiere kannst du alle Teile nutzen und es bietet sich geradezu an, mit dieser Pflanze experimentierfreudig zu sein. Der Geschmack ist nicht aufdringlich und erinnert an jungen rohen Mais. Du kannst die Vogelmiere vorzüglich in Salaten, Kräuterquark, Gemüse, auf einem Brot, in einem Omelett, Suppen oder einem grünen Smoothie verwenden.

Die Blüten der Große Sternmiere ähneln der Vogelmiere, ihre Blätter sind jedoch lang und schmal.

Vogelmieren-Pesto

200 ml Olivenöl, eine Handvoll Vogelmiere, eine Knoblauchzehe, 50 g geröstete Pinienkerne, 50 g Parmesan, getrocknete Tomaten und etwas Salz im Mixer gut zerkleinern. Passt zu Pasta und Bratkartoffeln.

VOGELMIERE IN DER HEILKUNDE

Vogelmiere ist schon seit langer Zeit als Heilpflanze bekannt. Pfarrer Kneipp empfahl sie gegen Husten, Hämorrhoiden, bei Lungenleiden und Verschleimungen der Nieren und der Blase. In der Volksmedizin wurde die Vogelmiere bei grippalen Infekten, Augenentzündung, Ausschlägen, Wassersucht, Geschwüren und Nasenbluten angewandt. Heute wird sie hauptsächlich bei Erkältungsbeschwerden sowie gelegentlich bei nicht offenen Wunden verwendet.

Waldmeister

Galium odoratum · Rötegewächse · April–Juni · H 15–30 cm

MERKMALE: Flächendeckend blühende, ausdauernde Pflanze. Der Stängel ist aufrecht, vierkantig, glatt und kahl. Blätter quirlförmig, aus jeweils 6–8 schmal-lanzettlichen, bis zu 4 cm langen, zugespitzten Einzelblättchen. Der Blattrand ist rau und die Blätter sind etagenförmig übereinander angeordnet. Der Blütenstand ist schirmförmig und aus mehreren Blüten zusammengesetzt. Einzelblüten weiß, trichterförmig, zugespitzt. Kugelige Früchte mit Stachelborsten.
VORKOMMEN: Buchen- und Laubmischwälder, Waldlichtungen.
VERWECHSLUNG: Mit dem Wald-Labkraut *(G. sylvaticum)*, das nicht nach Cumarin riecht und einen runden Stängel besitzt.

VOR DER BLÜTE SAMMELN

Die beste Sammelzeit für die frischen grünen Blätter ist kurz vor der Blüte, etwa von Ende April bis Mitte Mai. Ernte nur die oberen drei bis vier Blattetagen und lasse sie für ein bis zwei Tage welken. Mit den Blättern kannst du alkoholische Getränke wie Kräuterbowlen, Sekt, Prosecco, Liköre, aber auch Nichtalkoholisches wie Säfte oder sogar Milchprodukte aromatisieren. Ich gebe 8–10 gebündelte Stängel für 15–30 Minuten in 1 l Flüssigkeit.
Der Waldmeister wächst gern in schattigen Rotbuchenwäldern sowie in den sogenannten Eichen-Hainbuchenwäldern. Diese sind Begleitbäume des Eichen- und des Hainbuchen-Raufußröhrlings. Beide sind nach ausreichender Garzeit sehr leckere Speisepilze. In Buchenwäldern wächst eine Vielzahl von Röhrlingen, Milchlingen, Täublingen und der leicht zu erkennende Parasol (S. 222).

UNVERGLEICHLICHER DUFT

Schon lange bevor man einen Waldmeisterteppich im Wald entdeckt, hat man seinen typischen Duft in der Nase. Er entwickelt sich im Übrigen erst nach dem dem Verwelken. Für den charakteristischen Geruch und Geschmack ist der

Die Blätter des Waldlabkrauts sehen dem Waldmeister im Gegensatz zur Blüte sehr ähnlich.

Stoff Cumarin verantwortlich. Diesen Duft schätzten bereits unsere Vorfahren und somit ist es kein Wunder, dass Waldmeister schon im Mittelalter kultiviert und als Duftstoff verwendet wurde. Cumarin sollte man nicht in größerer Menge konsumieren, da es Kopfschmerzen, Benommenheit oder Schwindelgefühle auslösen kann. Wie so oft in der Heilkunde macht die Dosis das Gift. In geringen Mengen soll Cumarin wiederum gegen Migräne und Kopfschmerzen helfen.
Waldmeister wird bei innerer Unruhe, Einschlafproblemen, Frühjahrsmüdigkeit, Schlaflosigkeit, Herzbeschwerden, Menstruationsschmerzen, Krämpfen, Harnproblemen, zur Leberreinigung und bei Venenproblemen eingesetzt. Bäder, Umschläge und Waschungen mit abgekühltem Tee helfen gegen Hautverletzungen, Furunkel und Geschwüre.

Maibowle

2 EL braunen Zucker und 1 Päckchen Vanillinzucker in 500 ml trockenem Weißwein auflösen und 5 Stängel angewelkten Waldmeister für bis zu 30 Minuten zugeben. In den Kühlschrank stellen und zum Servieren mit 250 ml gekühltem Sekt auffüllen.

Wiesen-Labkraut

Galium mollugo · Rötegewächse · Mai–September · H 30–100 cm

MERKMALE: Ausdauernde Pflanze mit tief reichenden Wurzeln. Stängel aufrecht, kahl und 4-kantig. Die Blätter sind schmal, bis zu 7 mm breit, zugespitzt und bis zu 4 cm lang. Sie stehen in Quirlen zu 6 bis 9 Stück etagenartig um den Stängel. In den Blattachseln und am Stängelende stehen rispenartige, vierstrahlige Teilblütenstände, der Blütenstand ist insgesamt pyramidenförmig. Blüten weiß und vierstrahlig.
VORKOMMEN: Nährstoffreiche Wiesen, Weiden, Wegränder, Ackerstilllegungen, Feldraine.
VERWECHSLUNG: Mit anderen Labkräutern. Die Blätter des Waldmeisters *(G. odoratum)* sehen sehr ähnlich aus.

REICHHALTIGE AUSWAHL

Auf deinen Wanderungen kannst du verschiedene Labkräuter finden. Das hier beschriebene und am häufigsten anzutreffende Wiesen-Labkraut, das Kletten-Labkraut (*G. aparine*) mit hakigen, haftenden Borsten am Stiel und das Weiße Labkraut (*G. album*). Das Echte Labkraut (*G. verum*) mit seinen gelben Blüten benötigt zum prächtigen Gedeihen viel Licht und wächst daher meist an vollsonnigen Standorten. Im Wald kommt das Gewöhnliche Wald-Labkraut (*G. sylvaticum*) vor. Alle diese Labkräuter sind essbar.

Du kannst Blätter, Blüten, Stängel und Samen in der Küche nutzen. Junge Blätter, die noch zarte Stängel und Triebe – am besten vor der Blüte gesammelt – eignen sich für Salate, grüne Soßen, Suppen oder Mixgetränke. Die Blüten bieten sich zum Aromatisieren und Verfeinern von Süßspeisen und Kräuterlimonaden an. Bei unseren Vorfahren hatten Labkräuter auch große Bedeutung beim Bierbrauen und bei der Käseherstellung. Der bekannteste mit Labkraut hergestellte Käse ist sicherlich der Chester aus England. Letztendlich hat das Labkraut seinen Namen von der milchgerinnenden Wirkung. Die Wurzel des Wiesen-Labkrautes wurde zur Herstellung einer roten Farbe genutzt.

Das Kletten-Labkraut klettert dem Licht entgegen. Du kannst es ebenso verwenden.

HEILKRÄFTIGES LABKRAUT

Wiesen-Labkraut wurde in der Volksmedizin zur Nervenstärkung, bei leichten Depressionen, Unruhezuständen, Durchfall, Magen-Darm-Koliken und hohen Cholesterinwerten als Tee getrunken. Der Tee regt das Lymphsystem an, soll den Stoffwechsel anregen sowie die Lebensgeister wecken. Außerdem wurde es wegen seiner harntreibenden Wirkung bei Erkrankungen der Niere und Blase verwendet. Zur Behandlung von schlecht heilenden Wunden, Ekzemen und Geschwüren nutzten unsere Vorfahren in Labkraut-Tee getränkte Umschläge.

Wiesensalat mit Labkraut

Junge Labkrauttriebe und Löwenzahnblätter sowie Pflück- oder Kopfsalat waschen und trocken schütteln. Je einen Teil Essig und Senf, zwei Teile Öl, etwas Agavendicksaft oder Honig, Salz und Pfeffer zu einem Dressing verquirlen. Mit Nüssen, Sonnenblumen- oder Kürbiskernen bestreuen. Dazu passt geröstetes Brot mit Kräuterbutter.

Wilder Majoran, Dost

Origanum vulgare · Lippenblütengewächse · Juli–September · H 20–60 cm

MERKMALE: Winterharte, aromatisch duftende Pflanze. Der Stängel ist behaart, rötlich überlaufen und im oberen Teil verzweigt. Die Blätter sind ganzrandig, bis zu 4 cm lang, eiförmig und kurz gestielt. Blattstellung gegenständig. Blattunterseite punktiert. Die Blütenstände sind doldenartig und dicht, die Lippenblüten hellrosa bis purpurn.
VORKOMMEN: Trockene, kalkhaltige Böden, Mager- und Trockenrasen, Gärten, Weg- und Waldrändern.
VERWECHSLUNG: Mit dem Gemeinen Wirbeldost *(Clinopodium vulgare)*. Dieser hat wesentlich weniger Blüten und der typische Duft fehlt.

DOST ODER MAJORAN?

Der Wilde Majoran wird auch Dost genannt. Er trägt den wissenschaftlichen Namen Origanum vulgare und ist bei uns heimisch. Das Küchengewürz Majoran *(Origanum majorana)* ist eine andere Art, von der es mittlerweile ganz verschiedene Züchtungen gibt. Sie stammt ursprünglich aus Kleinasien. Beide Arten und die Kulturformen des Majoran schmecken wunderbar würzig.

Ebenfalls essbar sind die frischen oder getrockneten Blätter des Wirbeldosts (Clinopodium vulgare).

SEIT JAHRTAUSENDEN GENUTZT

Majoran ist eine alte Gewürz- und Heilpflanze, die bereits von den Ägyptern angebaut wurde. Im Glauben, damit die Liebeskraft zu steigern, nutzten ihn Römer und Griechen, um beispielsweise ihren Wein zu würzen. 1597 schrieb der englische Pflanzenheilkundler John Gerard Majoran helfe bei „Erkältungen des Gehirns und des Kopfes“, er fördere, in der Nase geschnupft, das Niesen und ziehe viel überflüssigen Schleim heraus.
Im Mittelalter waren die Menschen überzeugt, dass Majoran sie sogar vor dem Teufel und Hexen schützen könnte.
In der Volksmedizin wurde Majoran meist als Tee getrunken. Er fördert die Gallenproduktion und wirkt bei Verdauungsbeschwerden mit Blähungen oder Krämpfen, gegen Durchfall, bei Erkältungen mit verschleimtem Husten und Kopfschmerzen sowie Mundschleimhautentzündungen und Zahnfleischbluten. Neue Untersuchungen belegen seine antimikrobiellen und antimykotischen Eigenschaften sowie eine antioxidative Wirkung aufgrund der ätherischen Öle.

Würziges Öl

Einige Zweige Wilden Majoran in voller Blüte sammeln, locker in eine Flasche geben, eine Knoblauchzehe, eine Chilischote und etwas Quendel hinzugeben. Mit einem guten Olivenöl auffüllen und für 2–3 Wochen stehen lassen und danach abseihen.

KEINE PIZZA OHNE MAJORAN

Auf Pizza, in Pasta und anderen mediterranen Gerichten gehört Majoran einfach dazu. Du kannst sie mit frischen oder getrockneten Blättern würzen und ihnen einen unvergleichlichen Geschmack verleihen. In Kräutersalz sollte Majoran auf keinen Fall fehlen. Nebenbei macht er dank der ätherischen Öle fette Speisen bekömmlicher. Diese wirken verdauungsfördernd, krampflösend und beruhigend.

Gänseblümchen

Bellis perennis · Korbblütengewächse · Februar–November · H 4–15 cm

MERKMALE: Mehrjährige, winterharte Pflanze, die über einen langen Zeitraum immer wieder neue Blüten an einem blattlosen, bis zu 15 cm langen Stängel bildet. Die grünen, behaarten, spatel- bis länglich eiförmigen Blätter werden bis zu 4 cm lang und stehen in einer, meist am Boden anliegenden Rosette. Der Blattrand ist leicht gekerbt. Der Blütenstand ist bis zu 3 cm breit, die Zungenblüten am Rand sind weiß, oft rosa überhaucht, mit gelben Röhrenblüten in der Mitte. Der Blütenstand richtet sich immer nach der Sonne aus und bleibt bei Regen geschlossen.
VORKOMMEN: Gärten, Wiesen, Wegränder, Rasenflächen

VERWECHSLUNG: keine

PFLANZE DES LICHTES

Wenn die Tage im Frühjahr langsam wärmer werden, schiebt Tausendschön, wie ein Volksname sie beschreibt, die ersten Blüten durch die Schneedecke. Der lateinische Name *Bellis* bedeutet im Übrigen *die Schöne*. Nach einer Mahd dauert es keine zwei Tage und das Blütenmeer ist wieder in voller Pracht.

Kein Wunder, dass sich schon unsere Vorfahren mit dem Gänseblümchen beschäftigten, denn es ist fast das ganze Jahr über zu sehen. Sie sahen in der sich bei Sonne öffnenden Blüte eine Pflanze des Lichtes und der Auferstehung.

Aus vielen Überlieferungen wird ersichtlich, welch eine Bedeutung diese kleine Pflanze offensichtlich hatte. Den Germanen war das Gänseblümchen heilig. Leonhart Fuchs, ein Mediziner und Botaniker, benannte es 1543 in seinem „New Kreüterbuch" als Maßliebchen und empfahl es „als Wundmittel sowie bei Gicht, Hüftweh und Kropf. Maßlieblein ist ein recht Wundkraut."

In der Volksmedizin wird das Gänseblümchen zur Blutreinigung, Stoffwechsel- und Appetitanregung, als Magen-, Galle- und Lebermittel verwendet. Auch bei Hauterkrankungen, Quetschungen, Verstauchungen und Verrenkungen wird es angewandt. Die wesentlichen Inhaltsstoffe sind Saponine, Gerbstoffe, Bitterstoffe, Flavonoide, Anthoxanthin und ätherische Öle.

Die wintergrünen Gänseblümchenblätter sind spatelförmig, behaart und am Rand gekerbt.

Ganz einfach!

Das Gänseblümchen ist wie geschaffen dafür, Kinder langsam an die Wildkräuterküche heranzuführen und ihnen vielleicht etwas die Angst vor den wilden Pflanzen zu nehmen. Lasse sie die Blüten sammeln, vor allem die nur halb geöffneten, um damit Butterbrote oder Salate zu verschönern. Das macht Spaß und weckt Lust auf mehr.

NUSSIGER GESCHMACK

Als eines der ersten Wildkräuter kannst du die jungen und zarten Blätter ab März ernten. Ich empfinde den Geschmack als nussig und eher mild. Du kannst die Blätter als Zugabe zu Salaten, Kräuterquark, Aufläufen oder Suppen nutzen. Sie sind fester Bestandteil der Neunkräutersuppe am Gründonnerstag. Die Blütenknospen kannst du für einen Wildkräutersalat verwenden oder als falsche Kapern in Öl einlegen. Sehr gerne gebe ich die Blüten als leckere Dekoration auf ein Brot mit Kräuterbutter.

Große Brennnessel

Urtica dioica · Brennnesselgewächse · Juni-Oktober · H 30–150 cm

MERKMALE: Ausdauernde Pflanze mit 4-kantigem Stängel und Blättern mit Brennhaaren, die auf der Haut schmerzhafte Quaddeln verursachen. Die Blätter sind grob gesägt, zugespitzt, länglich-eiförmig und stehen sich paarweise gegenüber. Die abstehenden, gelblich grünen männlichen und hängenden graugrünen weiblichen Blüten befinden sich an verschiedenen Pflanzen. Weiterverbreitung durch Samen und Rhizome.

VORKOMMEN: Stickstoffreiche Böden. Entlang von Wegen und Hecken, Gärten, Ufern und auf Brachland.

VERWECHSLUNG: Kleine Brennnessel *(U. urvens)* sowie Taubnesseln, die keine Brennhaare besitzen.

NAHRUNG UND HEILMITTEL

Die Brennnessel hat vollkommen zu Unrecht einen schlechten Ruf als lästiges Unkraut. Wer sich mit ihren Eigenschaften beschäftig, wird seine Meinung schnell ändern. Schon ab Ende März und bis in den November findet man immer wieder junge Blätter, wenn der Bestand ab und an gemäht wird.
Von dieser Nahrungs- und Heilpflanze kannst du alle Teile nutzen. Die zarten Blätter zum Kochen, in Suppen, als Gemüse und Medizin, die Samen als Kraftnahrung. Die Wurzeln sind Bestandteil von Prostatamitteln.
In der Volksheilkunde hat die Brennnessel ein breites Anwendungsgebiet und wird besonders gerne als entschlackender Tee bei Frühjahrskuren verwendet. Wissenschaftlich gilt gesichert, dass sie bei Prostatabeschwerden, Blasenproblemen, Arthrose, Arthritis sowie entzündlichen Darmerkrankungen helfen kann.

Um die Samen zu ernten, trocknest du am besten die ganze Pflanze über einer Schüssel.

WERTVOLLE INHALTSSTOFFE

Die Brennnessel enthält viel Vitamin C und Provitamin A. Sie ist reich an Calcium- und Kaliumsalzen, und enthält Kiesel- und Ameisensäure, Magnesium, Eisen sowie Chlorophyll.
Für die harntreibende Wirkung sind vor allem die Kaliumsalze verantwortlich. 100 g der frischen Brennnesselblätter enthalten mit etwa 8 g nahezu die gleiche Menge an Eiweiß wie Hülsenfrüchte.

Brennnessel-Bratlinge

50 g Brennnesseln für 3 Min. in kochendem Wasser blanchieren. Abtropfen lassen und fein hacken. Eine Knoblauchzehe, eine Zwiebel und eine kleine Möhre fein hacken bzw. raspeln. Alles mit jeweils 2 EL Sesam und Haferflocken sowie Salz und Pfeffer vermischen und 20 Min. ruhen lassen. Bratlinge formen und in der Pfanne braten. Dazu schmeckt Kräuterquark!

VON WEGEN CHIASAMEN

Brennnesselsamen gelten als wahres Superfood aus der Wildkräuterküche.
Du kannst die reifen, leicht nussig schmeckenden Samen im Herbst sammeln. Schneide die Pflanze ab und hänge sie kopfüber über eine Schüssel. Sobald sie trocken sind, kannst du die Samen einfach herausschütteln. Sie schmecken lecker übers Müsli, Bratkartoffeln, Quark oder Rühreier gestreut. Sie sollen für Männer wie Frauen eine aphrodisierende Wirkung haben.

Gundermann

Glechoma hederaceum · Lippenblütengewächse · April–Juni · H 10–40 cm

MERKMALE: Wintergrüne, krautige, ausdauernde und kriechende Pflanze. Der Stängel und die Blattunterseite sind meist purpurn überlaufen. Die Blätter sind gegenständig, nierenförmig bis rundlich-herzförmig und grob gekerbt. Würziger, ziegenartiger Geruch beim Zerreiben. Blauviolette Blütenstände mit zwei bis fünf Blüten nur an aufrechten Trieben.
VORKOMMEN: Gärten, Wiesen, Wegränder, Hecken und Waldränder.
VERWECHSLUNG: Kriechender Günsel *(Ajuga reptans)* mit einem aufrechten Stängel und ganzrandigen Blättern.

ENTGIFTUNG MIT GUNDERMANN

Gundermann war eines der wichtigsten Wildkräuter in der täglichen Frühjahrssuppe von Alexander von Humboldt. Suppen eignen sich wunderbar, um im Frühjahr seinen Körper für einige Wochen zu entschlacken. Die Pflanze enthält ätherische Öle, Saponine, Kalium, Kieselsäure, Gerb- und Bitterstoffe und viel Vitamin C. In früheren Tagen tranken Maler Gundermanntee, da er in der Lage ist, giftige Stoffe in den Farben – vor allem Quecksilber und Blei – aus dem Körper auszuleiten. Daher stammt auch einer seiner volkstümlichen Namen: „Malerkraut". Diese Eigenschaft kannst du für dich bei einer Heilfastenkur gut nutzen, denn Gundermann, ist die einzige Pflanze, die Schwermetalle aus dem Fettgewebe lösen kann.

Gundermann eignet sich bemerkenswert gut zur Behandlung von eitrigen Wunden und Verletzungen. Dies kommt schon in seinem Namen *gund* für *Eiter* zum Ausdruck. Unreine Haut, schlecht heilende Wunden, aber auch Abszesse und nässende Ekzeme können mit Gundermann-Sud betupft und gelindert werden. Weitere bekannte Anwendungsgebiete sind Durchfall und Erkältungskrankheiten mit Symptomen wie Husten, Schnupfen und Schluckbeschwerden. Hier bringt Gundermann-Tee Linderung. Zur Behandlung im Mund und Rachenraum kann man damit auch gurgeln.

Der ähnliche Kriechende Günsel hat einen ährenartigen Blütenstand und nahezu ganzrandige Blätter.

Gundermann-After-Eight

Größere Gundermannblätter durch flüssige Schokolade ziehen oder mit einem Pinsel bestreichen. Fest werden lassen. Die besondere Kombination aus dem markanten Geschmack des Gundermanns und der Süße der Schokolade passt gut zu Eis sowie Süß- oder Quarkspeisen.

VORSICHTIG DOSIEREN

Nutze zunächst nur einige wenige, junge Blätter des Gundermanns, wenn du seinen unverwechselbaren Geruch und Geschmack noch nicht kennst. Ich finde ihn sehr dominant. Schon ab März kannst du die ersten Blättchen ernten und als Würzkraut in Kräuterquark, Omelette, Suppen, Kräuterbutter oder als After-Eight-Alternative nutzen. Die Blüten kannst du zum Dekorieren von Salaten oder belegten Broten verwenden.

Knoblauchsrauke

Alliaria petiolata · Kreuzblütengewächse · April–Juni · H 30–100 cm

MERKMALE: Krautige, 2-jährige Pflanze mit einem aufrechten, kantigen Stängel. Große, nierenförmige oder rundliche Grundblätter. Die Stängelblätter sind dreieckig bis zugespitzt herzförmig mit unregelmäßig gezähntem Rand. Knoblauchduft beim Zerreiben. Die zierlichen weiße Blüten stehen in traubigen Blütenständen am Stängelende. Die Fruchtknoten entwickeln sich zu 3–7 cm langen Schoten mit 6–8 schwarzen Samen.
VORKOMMEN: Gärten, Wald- und Heckenränder, Laubwälder.
VERWECHSLUNG: Blätter haben eine gewisse Ähnlichkeit mit der Großen Brennnessel *(Urtica dioica)* und Taubnesseln *(Lamium)*.

KNOBLAUCH OHNE REUE

In den Schriften unserer Vorfahren findet man nur wenig über die Anwendung der Knoblauchsrauke als Heilkraut. Vielmehr gibt es Hinweise, dass sie schon in der Steinzeit als Gewürz verwendet wurde. Sie gilt als das älteste bekannte Würzkraut und wurde schon frühzeitig wie Gemüse in Gärten angebaut. Über viele Jahrhunderte blieb die Knoblauchsrauke das Gewürz in den Speisen der ärmeren Bevölkerungsschichten.
Heute werden hauptsächlich die frischen Blätter gesammelt und direkt verwendet, denn beim Trocknen gehen Aromen und Wirkstoffe zu einem erheblichen Teil verloren. Klein geschnitten passen sie überall da, wo Knoblauchgeschmack gewünscht ist, beispielsweise im Kräuterquark, in Kräuterbutter, Suppen, Soßen, Salaten oder Eierspeisen. Der Vorteil ist, dass der einige Zeit anhaltende und nicht immer willkommene Mundgeruch entfällt. Probiere unbedingt einmal ein Pesto nur aus Knoblauchsrauke. Die Blüten kannst du als würzige und dekorative Elemente beim Garnieren vom Speisen nutzen, die jungen und zarten Samenhülsen

Im zeitigen Frühjahr und im Herbst erkennst du die Knoblauchsrauke an den nierenförmigen Blättern.

zum Würzen. Von Herbst bis ins Frühjahr lässt sich aus den geraspelten Wurzeln und etwas Öl eine meerrettichartig schmeckende Paste herstellen.

Herzhafte Dinkelpfannkuchen

320 g Dinkelvollkornmehl, 4 Eier und 500 ml Milch zu einem Teig verrühren. Getrocknete Tomaten hinzufügen und mit Salz, Pfeffer und ggf. Streuwürze (S. 24) würzen. Klein geschnittene Knoblauchsrauke direkt zum Teig geben oder beim Ausbacken hineinstreuen.

VERWENDUNG IN FRÜHJAHRSKUREN

Frische Kräuter in der Ernährung oder als Tee getrunken sind für eine Frühjahrskur bestens geeignet. Hierzu eignet sich auch die Knoblauchsrauke dank ihrer harntreibenden und blutreinigenden Eigenschaften ganz wunderbar. Sie soll außerdem entzündungshemmend, entwässernd und schleimlösend wirken. Sie kann auch bei Bronchitis, Asthma sowie Ekzemen angewandt werden. Die zerquetschten Blätter kannst du bei Insektenstichen zur schnellen Linderung nutzen.

Weiße Taubnessel

Lamium album · Lippenblütengewächse · April–September · H 20–50 cm

MERKMALE: Brennnesselähnliche Staude ohne Brennhaare. Der Stängel ist hohl, rinnig und 4-kantig. Die Blätter sind herz- bis eiförmig, behaart und kreuzgegenständig angeordnet. Blattrand gezähnt. Blüten sind creme-weiß, spiegelsymmetrisch und stehen zu 6–16 in Scheinquirlen in den Achseln der oberen Blätter. Oberlippe mit helmförmiger Wölbung, Unterlippe 3-teilig.
VORKOMMEN: Wegränder, Gärten, Unkrautflure, Brachland. Stickstoffanzeiger.
VERWECHSLUNG: Mit Brennnessel *(Urtica dioica)* und weiteren Taubnessel-Arten *(Lamium)*, die anders gefärbte Blüten haben und genauso verwendet werden können.

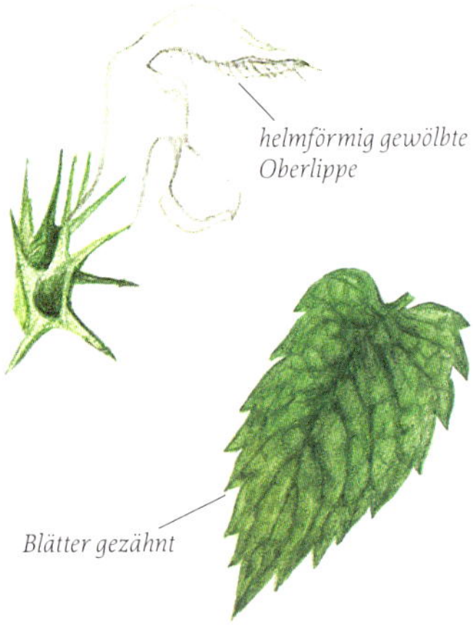

SANFTE NESSEL MIT SÜSSEN BLÜTEN

Die Weiße Taubnessel wächst besonders gern entlang von Weg-und Wiesenrändern, an Böschungen sowie in Gräben und entlang von Hecken auf stickstoffreichen Böden. Hier kommen ebenfalls Brennnessel, Löwenzahn und auch die Gefleckte Taubnessel vor. Da sie mit der Brennnessel leicht verwechselt werden kann, erlebe ich bei Kräuterwanderungen immer wieder, dass Teilnehmer sehr verwundert sind, weil ich die Taubnessel einfach so anfasse. Das ist in der Tat kein Problem, denn sie besitzt keine Brennhaare. Daher stammt auch ihr Name.

Mögliche Verwechslungen innerhalb der Taubnesseln mit der Gefleckten Taubnessel *(L. maculatum)*, der Purpurroten Taubnessel *(L. purpureum)* oder auch der gelb blühenden Goldnessel *(L. galeobdolon)* sind kein Problem, denn nutzen kannst du sie alle.

Draußen kannst du gleich an Ort und Stelle von den süßen und sehr zuckerreichen Blüten naschen. Diese sehen auch als Dekoration für deine Speisen toll aus. Noch vor der Blüte kannst du die jungen Blätter sammeln und in Salaten, Gemüse, Suppen, zusammen mit Spinat, in Mixgetränken oder als Tee verwenden. Auch die neuen Wurzeln der Triebausläufer, im Herbst gesammelt, passen prima in Salate, zu Gemüse und in Eintöpfe. Aus den getrockneten Samen sprießen in den Wintermonaten frisch grüne Keimlinge.

Hier wachsen Weiße Taubnessel und Brennnessel direkt beieinander. Beide sind essbar.

Blütenaufstrich

120 g Seidentofu oder Quark mit 1 EL Honig und etwas Vanillemark schaumig rühren und mit essbaren Wildblüten verfeinern. Hierzu eignen sich die Blüten von Taubnessel, Gänseblümchen, Vogelmiere und Knoblauchsrauke. Schaumig rühren und mit den Blüten garnieren.

HEILPFLANZE DER FRAUEN

Die Taubnessel wirkt adstringierend, antibakteriell, auswurffördernd, blutreinigend und blutstillend. Sie wird sowohl innerlich als auch äußerlich bei Anämie, Blasenentzündung, Husten, Bronchitis, Erkältungskrankheiten und Hämorrhoiden eingesetzt. Besonders in der Frauen- und der Volksheilkunde wurde die Pflanze bei Menstruationsproblemen und weißem Ausfluss angewandt.

Weißer Gänsefuß

Chenopodium album · Gänsefußgewächse · Juli–September · H 20–150 cm

MERKMALE: Gesamte Pflanze bläulich, weiß bis graugrün mehlig bestäubt. Der Stängel wächst meist aufrecht, ist grün gestreift und zuweilen rot überlaufen. Die Blattform ist sehr variabel und reicht von oval über rhombisch bis zu fast dreieckig. Der Blattrand ist meist unregelmäßig gezähnt. Knäuelig angeordnete, nur 0,5 cm große grünliche Blüten, Samen schwarz und sehr klein.
VORKOMMEN: Öd- und Brachland, Äcker, Gärten.
VERWECHSLUNG: Stechapfelblättriger Gänsefuß *(Chenopodium hybridum)*. Spreizende Melde *(Atriplex patula)* mit spießförmigen unteren Blättern, kaum mehlig bestäubt. Spießmelde *(Atriplex hasata)*, mit spießförmigen Blättern. Ebenfalls nutzbar.

„UNKRAUT" ODER NAHRUNGSPFLANZE?

Die Pflanze spielte schon bei den Menschen der Jungsteinzeit eine Rolle in der Ernährung, wie entsprechende Hinweise in den Pfahlbauten belegen. Essbar sind die Blätter, Triebe, Blütenknospen, Blüten und Samen.

Heute kennen wir den Weißen Gänsefuß als Erstbesiedler von Ödflächen und Schuttplätzen und als „Unkraut" der Äcker. Er ist ein typischer Vertreter der Unkrautfluren auf nährstoffreichen Böden. Man findet die einjährige Pflanze oft auf stillgelegten Äckern gemeinsam mit Spreizender Melde, Löwenzahn, Bcifuß oder Wegwarte. Der Weiße Gänsefuß vermehrt sich ausschließlich durch Samen, welche er in großen Mengen bildet. Er wird auch Ackermelde, Melde, Falsche Melde, Mist- oder Saumelde genannt.

In Asien wird die Pflanze sogar kultiviert angebaut, um die Blätter und jungen Sprosse ähnlich unserem Spinat zu verspeisen. Dafür eignen sich auch die von April bis August wild gesammelten Pflanzen. Die Blätter kannst du in Gemüse und Suppen verarbeiten. Die kleinen Blütenknospen und Blüten eignen sich für Kräuterquark und Kräuterbutter. Im Herbst kannst du die Samen sammeln und sie in den Wintermonaten zu frischen Keimlingen heranziehen, die du beispielsweise über Salate geben kannst. Die Pflanze sollte wegen der enthaltenen Oxalsäure und den Saponinen nicht in großen Mengen verwendet werden.

Der Bastard- oder auch Stechapfelblättrige Gänsefuß (Chenopodiastrum hybridum) ist ebenfalls essbar.

Gänsefuß-Knospen-Omelett

Eine Handvoll Blüten waschen und mit etwas Olivenöl und Knoblauch in einer Pfanne anrösten. 2–3 verquirlte Eier, Salz, Pfeffer und einige klein geschnittene getrocknete Tomaten mit dazugeben. Schmeckt wunderbar zu Bratkartoffeln und frischem Salat.

VITAMIN C UND EISEN

Gänsefuß ist ein pflanzlicher Eiweißlieferant und enthält vor allem Eisen, Kalium, Kalzium, Magnesium, Oxalsäure, Phosphor, Saponine, Vitamin A, Vitamin C und Zink. Bekannte Anwendungsbereiche waren Wurmerkrankungen, Blähungen, Darmentzündungen, Insektenstiche, Rheuma, Sonnenbrand, Wunden und Zahnfleischentzündungen.

Wiesen-Salbei

Salvia pratensis · Lippenblütengewächse · Mai–August · H 30–60 cm

MERKMALE: Winterharte, ausdauernde Pflanze. Stängel aufrecht, 4-kantig, hohl. Grundständige Blattrosette. Die hellgrünen, gestielten, bis zu 10 cm langen, runzeligen Blätter duften aromatisch beim Zerreiben. Blattrand unregelmäßig gezähnt. Der Blattstiel ist deutlich behaart. Blaulila, rosa oder weiße Blüten mit helmförmiger Oberlippe, Unterlippe 3-teilig. Die Blüten sitzen in Gruppen zu 4–6 etagenweise zusammen.
VORKOMMEN: Wiesen, Weiden, Wegränder, Sonne liebend. Kalkzeigerpflanze.
VERWECHSLUNG: Mit verwilderten Gartensalbei-Arten oder dem Quirlblütigen Salbei *(S. verticillata)*.

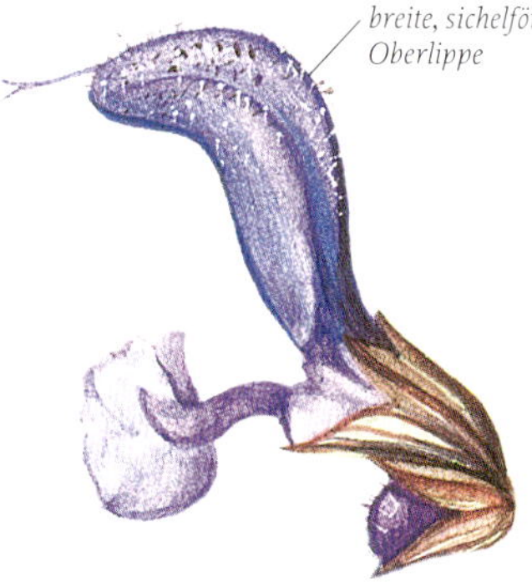

BLÜHENDE SALBEIWIESEN

Wenn du im Frühsommer in der Natur bist, findest du mancherorts ganze Wiesen voll blühendem Wiesen-Salbei. Dieser sieht dem Gartensalbei nicht nur sehr ähnlich, sondern ist mit diesem auch verwandt.
Bis Anfang Juli kannst du die jungen, zarten Blätter sowie die Triebspitzen sammeln. Sie enthalten wenig Bitterstoffe und höhere Anteile aromaintensiver, ätherischer Öle. Du kannst sie in Suppen, Salaten, Frischkäse, Quark oder Gewürz für Ofengemüse nutzen. Gerade im Frühsommer erfreuen wir uns an erfrischenden Getränken. Ein Sirup aus Wiesen-Salbeiblüten kommt da genau richtig und ist schnell und einfach zubereitet. Du benötigst lediglich Wasser, eine Zitrone oder Limette, Zucker und natürlich die frischen Blüten. Du kannst die Blüten außerdem zum Aromatisieren von Essig oder Öl verwenden. Ich nutze sie auch gern als Hingucker für verschiedene Süßspeisen.

Salbeiblüten-Sirup

500 g Zucker in 0,5 l Wasser aufkochen, bis sich der Zucker vollkommen aufgelöst hat. 2 Handvoll Wiesen-Salbeiblüten hinzugeben und bei kleiner Hitze einige Minuten köcheln lassen. Eine Biolimette oder -zitrone in Scheiben schneiden und in den Ansatz geben. Zugedeckt 2 Tage ruhen lassen, dann abseihen und erneut aufkochen. Noch heiß in saubere Flaschen füllen. Mit Wasser verdünnt genießen.

Der Quirlblütige Salbei kann am selben Standort wachsen und ebenso genutzt werden.

Die Blätter und Blüten eignen sich auch gut für einen heilsamen Tee.

HEILKRÄFTIGER SALBEI

Du kannst den Wiesen-Salbei wie auch den Garten-Salbei vielfältig einsetzen. Beide wirken zusammenziehend, blutstillend, entzündungshemmend, harntreibend, krampflösend und anregend. Salbei ist vor allem bei Erkrankungen der Atemwege, Heiserkeit und Kehlkopfentzündungen beliebt. Sehr gute Erfahrungen habe ich mit Mundspülungen bei Zahnfleisch- oder Rachenentzündungen gemacht. Den abgekühlten Tee kannst du aufgrund seiner entzündungshemmenden und desinfizierenden Wirkung für Waschungen und Auflagen bei schlecht heilenden Wunden oder Ekzemen anwenden.

Wilder Hopfen

Humulus lupulus · Hanfgewächse · Juli–August · H 3–6 m

MERKMALE: Krautige, schnellwachsende und mehrjährige, Pflanze. Die Triebe sind rau, 4-kantig, behaart und mit Klimmhäkchen besetzt. Sie sind rechtswindend. Die Laubblätter sind gegenständig angeordnet, gestielt, dunkelgrün und fest. Sie sind herzförmig, 3- bis 7- oder auch 9-lappig. Männliche Blüten in lockeren, rispigen Blütenständen, weibliche zapfenförmig und auf unterschiedlichen Pflanzen. Austrieb neuer Hopfensprossen Jahr für Jahr aus dem Wurzelstock.
VORKOMMEN: Auwälder, Hecken, Waldränder, Gebüsche, Gärten und Hausfassaden.
VERWECHSLUNG: Keine

GUT GEGEN SCHLAFSTÖRUNGEN

Im Gegensatz zu vielen seit Jahrtausenden zu Heilzwecken genutzten Pflanzen gewann der Hopfen erst ab dem 18. Jahrhundert immer mehr an Bedeutung, besonders durch seine schlaffördernde Wirkung. Diese ist heute anerkannt und wird durch die zeitgleiche Anwendung von Baldrianwurzel noch verbessert. Der Würzburger Studienkreis für Arzneipflanzenforschung schreibt: „Klinische Prüfungen der jüngsten Vergangenheit zeigen, dass diese Kombination in der Behandlung von Unruhezuständen und Einschlafstörungen sinnvoll ist."

In der Volksmedizin findet er außerdem Anwendung bei nervösen Verdauungsbeschwerden, Appetitlosigkeit, Blasen- und Nierenleiden, Menstruations- und Wechseljahresbeschwerden. Ausschließlich die getrockneten Blütenstände der weiblichen Hopfenpflanze werden für die Herstellung von Arznei verwendet.

HOPFEN IN DER KÜCHE

Die Triebspitzen kannst du schon ab April sammeln und in der Pfanne braten oder wie Spargel zubereiten – sie sehen auch tatsächlich wie grüner Spargel aus.

Die Hopfentriebe, die du im Frühjahr findest, schmecken wie Spinat.

Die jungen Blätter eignen sich für Gemüsegerichte, Mixgetränke, Suppen und Omelett. Die großen, weiblichen Blütenzapfen sammle ich gerne, um sie für einen Schlaftee zu trocknen. Junge Wurzelsprossen können in einer Pfanne gebacken werden.

Außerdem gilt: kein Bier ohne Hopfen. Man geht heute davon aus, dass die Babylonier Hopfen bereits um 2000 v. Chr. zur Herstellung von Getränken nutzten. Die ersten Hinweise, dass er in Deutschland zum Bierbrauen verwendet wurde stammen aus dem 7. und 8. Jahrhundert. In Klöstern wurde der Hopfen zunächst als Bitterwürze und wegen seiner antibakteriellen Wirkung zum Haltbarmachen des Biers genutzt. Schon Hildegard von Bingen schrieb in ihrem Werk „Physica" im Jahre 1160: „Seine Bitterkeit verhindert die Fäulnis."

Eingelegte Hopfensprossen

150 ml Essig, 150 ml Wasser, 1 EL Honig, 1 Prise Salz und einige Senfkörner aufkochen. 2 Handvoll Hopfensprossen für 4 Minuten im heißen Sud ziehen lassen. Nun die Sprossen in ein hohes Glas schichten und mit dem Essigwasser auffüllen. Gläser verschließen und kühl lagern. Für den besonderen Salat!

Wiesen-Löwenzahn

Taraxacum officinale · Korbblütengewächse · April–Juli · H 10–40

MERKMALE: Winterharte, ausdauernde Pflanze, mit weißem Milchsaft in allen Pflanzenteilen. Der Stängel ist blattlos, hohl und meist rötlich überhaucht. Die leuchtend gelbe Korbblüte besteht aus zahlreichen Zungenblüten und steht am Stängelende. Bodennahe Blattrosette. Die Blätter sind bis zu 30 cm lang, unbehaart und mehr oder weniger stark gebuchtet. Schirmartige Samen, lange Pfahlwurzeln.
VORKOMMEN: Gärten, Wiesen, Wegränder, Ackerflächen.
VERWECHSLUNG: Blätter mit Wiesen-Pippau *(Crepis biennis)* und Ferkelkraut *(Hypochaeris radicata)*, die Blüten mit einigen anderen gelben Korbblütlern, wie z. B. Wiesen-Bocksbart *(Tragopogon pratensis)*, Kleines Habichtskraut *(Hieracium pilosella)* und Ferkelkraut.

UNTERSCHÄTZTE HEILPFLANZE

Neben Giersch und Brennnessel ist der Löwenzahn ein weiteres Wildkraut, dessen Bedeutung für unsere Gesundheit unterschätzt wird. Oft aus Unwissenheit sind die meisten Menschen lebenslang damit beschäftigt, die Pflanze mit allen Mitteln zu bekämpfen.
Ganz anders unsere Vorfahren und Gelehrte durch viele Epochen. Sie nutzten den Löwenzahn für eine Vielzahl von Beschwerden und Leiden. Somit ist es kein Wunder, dass er von allen Wildkräutern die meisten volkstümlichen Namen erhalten hat. Wenn eine Pflanze „Bettnässer" genannt wird, konnte sich jeder die Wirkung einiger Tassen Löwenzahntee gut vorstellen. Viele der seit langen bekannten Heilwirkungen wurden erforscht und bestätigt. So beispielsweise die Anregung von Leber, Galle und Nieren, die Stärkung von Bindegewebe sowie die Linderung von Rheuma und Gicht. Die belebende und reinigende Wirkung der Bitterstoffe des Löwenzahns nutzen heute auch viele Menschen für eine Frühjahrskur.

Gebackene Löwenzahnknospen

Eine kleine Schüssel Blütenknospen für etwa 2–3 Minuten in kochendem Wasser blanchieren, dann abseihen, abschrecken und abtropfen lassen. Die Knospen mit Mehl, Ei und Semmelbröseln panieren und in der Pfanne braten. Sie schmecken lecker über einen Salat gestreut oder zur Grünen Soße.

Die langen Pfahlwurzeln lassen sich von Herbst bis Frühjahr am besten mit einer Grabgabel ausgraben.

KOMPLETT ESSBAR

Vom Löwenzahn kannst du alle Pflanzenteile nutzen. Der Milchsaft ist nicht giftig. Die jungen Blätter erscheinen schon ab März und eignen sich zum Rohessen in Salaten oder für Mixgetränke. Je älter sie werden, desto mehr Bitterstoffe werden eingelagert. Die Blütenknospen eignen sich als Kapernersatz und mit den Blüten lässt sich Honig aromatisieren. Auch die Stängel können in kleinen Mengen roh verzehrt werden, enthalten aber viel Milchsaft und Bitterstoffe und können deshalb zu Magenschmerzen führen.
Von Herbst bis Frühjahr ist die Zeit, um Wurzeln auszugraben. Diese kannst du trocknen und mahlen, um Löwenzahnkaffee zu brühen, oder als Gemüse andünsten, nachdem sie einige Stunden gewässert wurden.

Wegwarte

Cichorium intybus · Korbblütengewächse · Juli–Oktober · H 30–140 cm

MERKMALE: Ausdauernde, winterharte Pflanze mit tief reichender Pfahlwurzel und weißem Milchsaft. Der Stängel ist kantig und behaart, im oberen Teil sparrig verzweigt. Die Blätter in Bodennähe sind bis zu 25 cm lang, sehr löwenzahnähnlich, gesägt und tief eingeschnitten sowie borstig behaart. Die Stängelblätter sind lanzettlich-schmal und stängelumfassend. Bis zu 5 cm breite Blütenkörbchen aus hellblauen Zungenblüten.
VORKOMMEN: Weg- und Straßenränder, Öd- und Brachland, Ackerstilllegungsflächen.
VERWECHSLUNG: Blauer Lattich *(Lactuca perennis)*, der eine andere Blattform aufweist. Vor der Blüte mit dem Löwenzahn.

MYTHEN UNSERER VORFAHREN

Aus grauer Vorzeit findet man noch viele Berichte und Geschichten über die Wegwarte. Eine hat mich besonders fasziniert: die alternative Partnersuche. Wenn man am Tag des Heiligen Petrus, dem 29. Juni, mit einem Hirschgeweih eine Wegwarte ausgräbt und dann mit diesem ausgegrabenen Kraut jemanden berührt, so werde derjenige sich in den anderen verlieben. So würde heute vermutlich niemand mehr einen Partner finden.

BEGLEITERIN IM STRASSENRAND

Wie ihr Name schon vermuten lässt, wächst die Wegwarte oft in großer Anzahl direkt neben der Straße. Bereits gegen 6 Uhr öffnen sich die himmelblauen Blüten in östliche Richtung, um bis zum Mittag dem Lauf der Sonne zu folgen und sich dann wieder zu schließen.
Bereits im April kannst du die jungen Blätter sammeln und in Salaten sowie in Spinat oder in Mixgetränken nutzen. In dieser Zeit sind noch nicht so viele Bitterstoffe eingelagert. Dies ändert sich allerdings, sobald die Blüten erscheinen.
Von September bis ins Frühjahr kannst du Wurzeln ausgraben und diese weiter zu Zichorienkaffee verarbeiten. Ich empfehle eine Grabgabel statt eines Spatens, weil damit die Gefahr, die Wurzel zu durchtrennen, viel geringer ist. Die Stängel kannst du von April bis Juli als Pfannengemüse und die Blüten zu Dekorationszwecken verwenden.

Die Blüte des Blauen Lattichs sieht der Wegwarte im Gegensatz zu den Blättern sehr ähnlich.

Zichorienkaffee

Wurzeln säubern und in kleine Stücke schneiden. In einem Dörrgerät oder dem Backofen bei ca. 40 Grad trocknen. In der Pfanne behutsam ohne Fett rösten und abkühlen lassen. Zu Pulver vermahlen und 2 TL mit 250 ml heißem Wasser aufbrühen.

BITTERSTOFFDROGE UND BACHBLÜTE

Die Wegwarte gehört zu den Bitterstoffdrogen, die vor allem bei Verdauungsproblemen, Appetitlosigkeit und Beschwerden von Leber, Blase, Darm und Galle Verwendung finden. In Tees und Medikamenten werden Wurzel, Stängel und Blätter verwendet.
In der Bach-Blütentherapie ist die Chicory-Blüte für diejenigen hilfreich, die durch fehlende Selbstliebe auf der ständigen Suche nach Bestätigung und Beachtung durch andere Menschen sind.

Wald-Sauerklee

Oxalis acetosella · Sauerkleegewächse · April–Mai · H 5–15 cm

MERKMALE: Ausdauernde, flachwüchsige, teppichbildende Pflanze mit unterirdisch kriechendem Wurzelstock und verzweigter Pfahlwurzel. Die Blätter sind langgestielt mit einer 3-teiligen Blattspreite, die oben umgekehrt herzförmig eingebuchtet ist. Sehr lange Blütenstiele, welche deutlich die Blätter überragen. Die weiße Grundfarbe der 5 Kronblätter wird von violetten Längsadern unterbrochen. Diese sind am Grund gelb gefärbt und ergeben zusammen einen Kreis.

VORKOMMEN: Schattenverträglich, in Laub- und Mischwäldern mit leicht sauren Böden.

VERWECHSLUNG: Mit anderen Sauerkleearten, die ebenfalls essbar sind, sowie dem Buschwindröschen *(Anemone nemorosa)*.

WÄCHST FAST IM DUNKELN

Den Wald-Sauerklee kannst du schon ab März auch in sehr schattigen Wäldern finden. Zum Wachsen und Gedeihen genügt ihm schon etwa 1 Prozent Tageslicht. Falls du die Pflanzen mit einem anderen Sauerklee verwechselst, ist das kein Problem, denn diesen kannst du genauso nutzen. Spätestens wenn du gleich an Ort und Stelle die zitronenartig sauer schmeckenden Blätter probierst, gibt es allerdings keinen Zweifel mehr.
Die Blätter kannst du nahezu während der gesamten Vegetationszeit nutzen. Sie eignen sich in der Küche als Beigabe für Salate, Kräuterquark, Saucen, Suppen, Eierspeisen, Wildkräuter-Limonade und Mixgetränke. Blätter und Blüten kannst du außerdem sehr dekorativ zum Verschönern von Speisen verwenden.

In meist großen Beständen blüht weiß und zur gleichen Zeit das Busch-Windröschen.

NICHT ZU VIEL!

Wald-Sauerklee enthält viel Oxalsäure, die zu Reizungen im Magen-Darm-Bereich führen kann. Daher sollte er nur in kleinen Mengen und nicht zu oft verzehrt werden. Menschen mit Rheuma- und Gichtproblemen sollten ganz darauf verzichten, denn Oxalsäure ist steinbildend und kann die Probleme noch verstärken. Unsere Vorfahren nutzten den Wald-Sauerklee in der Volksheilkunde meist als Tee getrunken bei Hautkrankheiten, zur Blutreinigung, bei Menstruationsbeschwerden, Nieren- und Leberproblemen, Blähungen, Gelbsucht und Fieber. Der Saft aus den zerquetschten Blättern wurde bei Entzündungen, Hautirritationen und zum Entfernen von Flecken in Textilien verwendet. Er enthält nebenbei auch viel Vitamin C und du kannst ihn wunderbar als Bestandteil einer Frühjahrskur nutzen.

Wald-Sauerklee-Butter

250 g zimmerwarme Butter, eine kleine Handvoll Wald-Sauerklee, Salz, Pfeffer, etwas Streuwürze (S. 24), einen Schuss Olivenöl und einige getrocknete, gehackte Tomaten gut verrühren. Mit essbaren Blüten garnieren und genießen.

WIE EINE MIMOSE

Unter verschiedenen Einflüssen wie Erschütterungen oder Trockenheit kann der Wald-Sauerklee die Blätter regenschirmartig zusammenklappen. So schützt die Pflanze sich vor mechanischer Zerstörung, Austrocknung, Regen und Kälte. Die Steuerung erfolgt über chemische Signalstoffe, die man auch bei der Mimose findet.

Wiesen-Klee, Rot-Klee

Trifolium pratense · Schmetterlingsblütler · Mai–September · H 15–60 cm

MERKMALE: Ausdauernde Pflanze mit aufrechtem, kantigem und behaartem Stängel. Die Laubblätter bestehen aus drei eiförmigen Teilblättchen, sind gestielt, wechselständig und spiralig angeordnet. Die Teilblättchen sind ganzrandig, feinhaarig und haben einen markanten weißen Fleck auf der Blattoberseite. Die kugeligen bis einförmigen, vielblütigen Blütenköpfchen mit einem Durchmesser von bis zu 3 cm stehen oft zu zweit zusammen. Blüten rosa bis purpurrot.
VORKOMMEN: Äcker, Wiesen, Weiden.
VERWECHSLUNG: Mit anderen Kleearten wie z. B. dem ebenfalls rot blühenden und essbaren Mittleren Klee *(T. medium)* oder dem Inkarnat-Klee *(T. incarnatum).*

SEIT JAHRHUNDERTEN GESCHÄTZT

Viele Menschen suchten im Laufe ihres Lebens sicherlich schon ein vierblättriges Kleeblatt – leider meist erfolglos. Es ist das Symbol für Glück und Fruchtbarkeit in unserem Leben und soll besondere Zauberkräfte ermöglichen.
Der Wiesen-Klee wird in Deutschland bereits seit dem 11. Jahrhundert angebaut. Die meisten Menschen kennen ihn vor allem als eiweißreiche Futterpflanze aus der Landwirtschaft und weniger seine Bedeutung in der Heilkunde und als essbares Wildkraut. Der Rot-Klee ist zudem eine wichtige Bienenweide und die Raupen von seltenen Schmetterlingen wie Distelfalter, Goldene Acht, Bläulinge und das Widderchen nutzen ihn als Futterpflanze.
Von April bis Juni kannst du die frischen Blätter und Triebe sammeln und in Gemüse, Suppen, Salat, Kräuterquark oder einem Kräutermixgetränk nutzen. Der Geschmack erinnert an Erbsen oder Feldsalat. Die Blüten sammelt man am besten um die Mittagszeit in den Monaten Juni bis September. Du kannst sie als Farbtupfer zum Dekorieren von Salaten, auf Brot mit Kräuterbutter, im Pfannkuchen oder in Süßspeisen verwenden. Deiner Experimentierfreude sind fast keine Grenzen gesetzt. Ab August reifen die Samen, die ich gerne in den Wintermonaten als Keimlinge über einen Salat gebe.

Den Inkarnat-Klee erkennst du an dem länglichen Blütenstand mit intensiv roten Blüten.

Rot-Klee Blütensirup

1 l Wasser und den Saft einer Zitrone aufkochen und 2 Handvoll Blüten dazugeben. Etwa 15 Minuten leicht köcheln, dann über Nacht ziehen lassen und durch ein Geschirrtuch filtern. Gut auswringen. 500 g Zucker dazugeben und für etwa 10 Minuten simmern lassen. Noch heiß in vorgewärmte Flaschen füllen.

AUSGLEICH IN DEN WECHSELJAHREN

Die wichtigsten Inhaltsstoffe sind pflanzliche Hormone, die Vitamine B1, B3 sowie Vitamin C, Magnesium, Kalzium und Kalium, Gerbstoffe, Asparagin, ätherisches Öl und Spurenelemente. Außerdem enthält der Wiesen- Klee sehr viel Eiweiß. In der Volksheilkunde wird er als Tee hauptsächlich bei Durchfall, Husten, zur Förderung der Lebertätigkeit, der Verdauung und der Gallensaftproduktion verwendet. Besonders bekannt ist seine Nutzung zum hormonellen Ausgleich in den Wechseljahren.

Brunnenkresse

Nasturtium officinale · Kreuzblütengewächse · April–September · H 20–80 cm

MERKMALE: Wintergrüne, ausdauernde Wasserpflanze mit leicht fleischigen Blättern und kantigem, hohlem Stängel. Die Blätter sind unpaarig gefiedert, und aus 5–9 dunkelgrünen, glänzenden Teilblättern zusammengesetzt. Der Blütenstand besteht aus vielen traubigen Einzelblüten mit gelben Staubbeuteln. Der Trieb verfärbt sich nach der Blüte oft lila. Schoten länglich und bis 20 mm lang.
VORKOMMEN: Quellen, fließende und klare Bäche, gedeiht fast rund ums Jahr.
VERWECHSLUNG: Bitteres Schaumkraut *(Cardamine amara)*. Dieses besitzt keinen hohlen Stängel und violette Staubbeutel. Ebenfalls essbar.

ENERGIELIEFERANT MIT GESCHICHTE

Es ist bekannt, dass Griechen und Römer die Brunnenkresse verspeisten und sehr schätzten. Bereits um 1650 wurde dieses Wildgemüse nachweislich auch in Deutschland kultiviert. Auch heute noch wird die Brunnenkresse in vielen europäischen Ländern angebaut.
Die frischen Blätter enthalten Senfglycoside, ätherische Öle, Bitterstoffe, Eisen und viel Vitamin C. Brunnenkresse ist gut für den Magen, regt die Gallenproduktion an und unterstützt Nieren und Leber. Zusammen mit anderen Kräutern kannst du das Wildgemüse zur Linderung von Frühjahrsmüdigkeit und Vitaminmangel nutzen.
Blätter, Triebe und knospige Blütenstände kannst du von April bis August am Ufer sauberer Bäche sammeln. Achte darauf, dass auf den angrenzenden Randbereichen keine Tierhaltung betrieben wird. Aus Frankreich sind Infektionen mit dem Großen Leberegel aus entsprechenden Gebieten bekannt, für den Rinder und Schafe Wirtstiere sind.

Am gleichen Standort wächst das Bittere Schaumkraut. Es besitzt violette Staubbeutel.

IN DER KÜCHE

Du kannst Brunnenkresse für Salate, Kräuterquark, Pesto, Kräuterbutter, Kräuterkäse und grüne Soße nutzen. Auch zu Bratkartoffeln oder einem Omelett passt sie wunderbar. Die würzigen Blüten kannst du roh verzehren und zum Dekorieren verwenden. Ich gebe die Brunnenkresse auch gerne in Kräutersuppen oder Aufläufe. Ab September findest du die Samen, die früher als Pfefferersatz und zur Herstellung von Senf genutzt wurden. Nutze die Brunnenkresse am besten frisch, denn beim Trocknen verliert sie ihren markanten, leicht scharfen Geschmack weitgehend.

Brunnenkresse-Suppe mit Crunch

Eine Zwiebel fein schneiden und in etwas Butter anschwitzen. Diese zusammen mit zwei mittelgroßen rohen Kartoffeln, 300 ml Gemüsebrühe und einem Bund Brunnenkresse etwa 15–20 Minuten leicht köcheln lassen. Pürieren, würzen und mit Sahne oder einer veganen Alternative verfeinern. Zwei Scheiben Brot in Würfel schneiden mit etwas Olivenöl und Salz vermischen, anrösten und zur Suppe geben.

Gänse-Fingerkraut

Potentilla anserina · Rosengewächse · Mai–August · H 5–15 cm

MERKMALE: Ausdauernde Pflanze. Bildet oberirdische Ausläufer, die an den Knoten der Stängel wurzeln. Die Blätter entspringen Blattrosetten und sind unpaarig gefiedert. Die Blattunterseite ist silbrig weiß behaart, die Oberseite ist grün. Blattrand tief gesägt. Der Stängel ist blattlos, behaart und rötlich gefärbt. Leuchtend gelbe, fünfzählige bis zu 3 cm große Blüte am Stängelende.
VORKOMMEN: An Straßen- und Wegrändern, in Gärten, auf Äckern und Ödland. Anzeiger für nährstoffreiche und verdichtete Böden.

VERWECHSLUNG: Kriechendes Fingerkraut *(P. reptans)*, das auf denselben Standorten vorkommen kann und 5-zählig gefingerte Blätter besitzt.

LEICHT ZU ERKENNEN

Das Gänse-Fingerkraut ist eines der Wildkräuter, welche du schon nach kurzer Zeit zuverlässig erkennen kannst. Es wächst meist direkt an Straßenrändern und die silbrig behaarten Blätter und gelben Blüten sind schon von Weitem zu sehen. Kein Wunder, dass ein volkstümlicher Name Silberkraut lautet. Das Gänse-Fingerkraut war früher besonders auf Gänseangern verbreitet. Die frischen, leicht säuerlich schmeckenden Blätter lassen sich in verschiedenen Kräutermischungen, Suppen, Salaten oder in Saucen nutzen. Je älter die Blätter werden, umso mehr Gerbstoffe enthalten sie und sind dann immer weniger zum Verzehr geeignet. Die gelben Blüten eignen sich zur Dekoration. Von September bis ins Frühjahr kannst du die leicht nussig schmeckenden Wurzeln ausgraben und über einen Salat raspeln oder sie als Gemüse garen.

KRAMPFLÖSER

Gänse-Fingerkraut als Tee verwendet, ist das „Krampfkraut Nummer 1" und hat sich besonders in der Frauenheilkunde

Die Blüten des Kriechenden Fingerkraut sind sehr ähnlich und eignen sich als Deko auf Speisen.

bei krampfartigen Menstruationsbeschwerden bewährt. Es entspannt, stillt Blutungen und lindert Durchfälle sowie Magen-, Darm- und Muskelkrämpfe.
Von unseren Vorfahren ist bekannt, dass Gänsefingerkraut für einige Minuten in Milch gköchelt wurde. Da diese Fett enthält, konnten so die fettlöslichen Inhaltstoffe gewonnen werden. Die Milch wurde bei Verletzungen zum Schutz vor Blutvergiftungen und Wundstarrkrampf getrunken.
Das Gänse-Fingekraut kann als Spülung oder zum Gurgeln bei Entzünden des Zahnfleisches, der Mundschleimhaut und des Rachenraums angewendet werden. Äußerlich verwendet man es bei schlecht heilenden Wunden, denn es hat beruhigende, entzündungshemmende und schmerzstillende Wirkung.

Gänse-Fingerkraut-Milch

3 TL frisches oder 2 TL getrocknetes Gänse-Fingerkraut klein schneiden und in 250 ml kalte Milch geben. Aufkochen und für etwa 10 Minuten ziehen lassen. Abseihen und nach Wunsch mit Zimt, Kurkuma oder Vanille verfeinern. Bei Bauch- und Magen-Darm-Krämpfen sowie Menstruationsproblemen bis zu 3 warme Tassen am Tag trinken.

Gewöhnlicher Giersch

Aegopodium podagraria · Doldenblütengewächse · Juni – August · H 50 – 90 cm

MERKMALE: Stängel rund und kahl. Blattstiel 3-kantig mit Längsrinne, drei 3-fach geteilte Blätter entspringen aus einem Punkt (3er-Regel). Verbreitung über kriechende Sprossachsen (Rhizome). Zerriebene Blätter riechen nach Möhre und Petersilie. Die Blätter sind glatt und am Rand gesägt, anfangs saftig hellgrün, später dunkelgrün. Die Blüten sind weiß bis leicht rötlich bzw. rosa. Der doldenförmige Blütenstand setzt sich aus 15 – 20 Döldchen zusammen.

VORKOMMEN: In Gärten, Parks, entlang von Wegen, an Hecken, Waldrändern, bevorzugt auf frischen und nährstoffreichen Böden.

VERWECHSLUNG: Die Blätter mit jungem Holunder *(Sambucus nigra)* und die Blüte mit verschiedenen anderen, z. T. sehr giftigen Doldenblütlern, wie dem Gefleckten Schierling *(Conium maculatum)* oder der Hundspetersilie *(Aethusa cynapium)*.

VON WEGEN LÄSTIGES UNKRAUT!

Der Giersch ist für viele Gartenbesitzer der Staatsfeind Nummer 1. Mit allen Mitteln versucht man, der ungeheuren Wuchskraft dieser Pflanze – sie wird auch „Gärtnertod" genannt – beizukommen, denn schnell hat sie große Flächen überwuchert.

Als Wildgemüse wurde der Giersch schon von den Steinzeitmenschen verzehrt. Tabernaemontanus (Botaniker und Mediziner) schrieb 1625 in seinem Kräuterbuch über ihn: „Wiewohl der Geißfuß ein veracht und unachtsam Kraut ist, so hat es doch auch seinen Gebrauch in der Artzeney überbekommen und wird insonderheit höchlich gelobt zu den Zipperlein Gliedsucht und Hüftwehe."

Der Name *podagraria* heißt so viel wie „gegen die Podagra (Gicht)" und eine weitere volkstümliche Beschreibung, „Zipperleinskraut", lässt dann keinen Zweifel mehr, bei welchen Leiden dieses Wildkraut helfen kann.

Giersch wirkt harntreibend und harnsäurelösend und wird in der Volksmedizin bei Rheuma, Gicht und Arthritis verwendet. Er soll außerdem krampflösend,

In der Nahaufnahmen sieht man deutlich die tiefe Rinne im dreieckigen Blattstiel.

entgiftend, blutreinigend, entzündungshemmend, abführend, verdauungsanregend, reinigend, vitalisierend wirken. Führt man sich die heilenden Eigenschaften und seinen ausgezeichneten Geschmack vor Augen, entsteht plötzlich eine komplett neue Sichtweise auf den ungeliebten Giersch.

Giersch-Limonade

Einige Gierschblätter mitsamt den Stielen zerquetschen und zusammen mit einigen Scheiben einer Biozitrone oder -orange in eine Glaskanne geben. Mit naturtrübem Apfelsaft übergießen und für 2–3 Stunden ziehen lassen. Mit Wasser verdünnen und genießen.

NUTZE DIE JUNGEN BLÄTTER

Sammle nur die zarten und hellgrünen Blätter. Diese kannst du in Suppen, Gemüse, Kräuterbrei und Aufläufen ganz hervorragend gemeinsam mit Brennnesseln oder Spinat verwenden. Die essbaren Blüten kannst du zum Dekorieren und die Samen als Gewürz verwenden. Der Geschmack erinnert an Petersilie oder Möhre und ist nicht dominant. Deshalb passt er ganz besonders als gesunde Beigabe zu vielen Gerichten wie etwa Suppen.

Kleine Bibernelle

Pimpinella saxifraga · Doldenblütengewächse · Juni–September · H 15–60 cm

MERKMALE: Ausdauernde, krautige Pflanze. Runder, hohler, schwach gerillter und flaumig behaarter Stängel. Die Blätter sind unpaarig gefiedert und sehr variabel. Die Teilblätter sind länglich bis rundlich-eiförmig, grob gesägt sowie oberseits kahl und unterseits locker behaart. Die kleinen weißen oder rosafarbenen Blüten sind in 10–15 mehrstrahligen Dolden angeordnet. Fehlende Hüllblätter. Dunkelbraune bis schwarze, kahle Früchte. Die Wurzeln sind möhrenartig und riechen markant nach Ziegenbock.

VORKOMMEN: Entlang von Wegen, Böschungen, Brachland. Trockene und magere Standorte.

VERWECHSLUNG: Große Bibernelle *(P. major)* auf nährstoffreichen und feuchten Standorten sowie Kleiner Wiesenknopf *(Sanguisorba minor)*. Beide sind ebenfalls essbar.

BIBERNELLE ODER PIMPINELLE?

Es ist gar nicht so einfach, den Überblick über Bibernelle und Pimpinelle zu behalten. Die beiden Pimpinella-Arten Kleine *(P. saxifraga)* und Große Bibernelle *(P. major)* wachsen auf verschiedenen Standorten. Der Kleine Wiesenknopf *(Sanguisorba minor)* aus der Familie der Rosengewächse wird auch oft Pimpinelle genannt und besitzt sehr ähnliche Blätter. Alle drei sind essbar.

HILFE IN DER PESTZEIT

Bereits in Kräuterbüchern des 16. Jahrhunderts wird die Bibernelle als Mittel gegen Steinleiden, Beschwerden der Schleimhäute und vor allem die Pest hervorgehoben. So ist es kein Wunder, dass die Menschen in Zeiten der Pest oft ihre letzte Hoffnung auf diese Pflanze setzten. Manch überlieferter Spruch unterstreicht dies eindrucksvoll: „Baldrian und Bibernell, hält die Pestilenz zur Stell." Von Pfarrer Kneipp ist bekannt, dass er die Bibernelle bei der Behandlung von Nieren- und Blasensteinen, Gicht sowie zur Reinigung der Blase, Lunge und Nieren nutzte. Hildegard von Bingen empfahl sogar, sie als Schutz vor bösen Zauberkräften um den Hals zu tragen. Vermutlich waren damit die Wurzeln gemeint.
In der Volksheilkunde wird mit Tee aus der Wurzel zur Linderung von Beschwerden im Hals und Rachenraum gegurgelt.

Die Blätter des Kleinen Wiesenknopfs können sehr ähnlich aussehen.

Grüne Soße

Einen großen Bund Kerbel, Petersilie, Kleine Bibernelle oder auch Pimpinelle, Sauerampfer, Schnittlauch, Kresse und Borretsch klein hacken. Zusammen mit dem Eigelb von 5 gekochten Eiern, Salz, Pfeffer, 1–2 TL scharfem Senf, 100 ml Sonnenblumenöl, 100 g Schmand, 100 g stichfester saurer Sahne pürieren. Dazu passen Pellkartoffeln.

BLÄTTER, SAMEN UND WURZELN

Die Blätter beider Bibernellen-Arten schmecken gurkenartig. Du sammelst sie am besten vor der Blüte und kannst sie zu Gemüse, in Suppen, Eierspeisen und Salaten verwenden. Blüten und Samen haben ein herb-süßes Aroma und eignen sich wunderbar zum Verfeinern von Kräutersalzen, Butter oder Süßspeisen. Die Wurzeln schmecken scharf – deshalb wird die Bibernelle auch Pfefferwurz genannt – und werden von Oktober bis März gesammelt. Du kannst sie in Suppen und zu Gemüse verwenden.

Mädesüß

Filipendula ulmaria · Rosengewächse · Juni–August · H 60–160 cm

MERKMALE: Ausdauernde, imposante Pflanze, die große Bestände bildet. Der Stängel ist kantig und rotbraun überhaucht. Die honig- bis mandelartig duftenden, gelblich weißen Blüten stehen in rispenartigen Doldentrauben an aufrechten Zweigen. Diese überragen meist den Haupttrieb. Die Blattoberseite ist dunkelgrün, die Unterseite graufilzig behaart. Die gezähnten Blätter stehen wechselständig an den Zweigen. Spiralig gedrehte Frucht.
VORKOMMEN: Feuchte Wiesen, entlang von Bachläufen, Auwälder.
VERWECHSLUNG: Kleines Mädesüß *(F. vulgaris)* auf eher trockenen Standorten und mit einer Höhe von max. 80 cm.

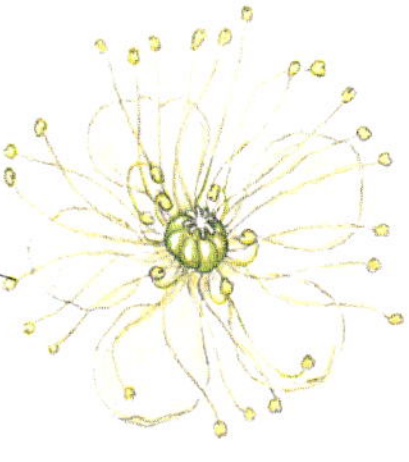

DIE WIESENKÖNIGIN

Wahrlich wie eine Wiesenkönigin steht das Mädesüß in den Sommermonaten entlang von Bächen und in feuchten Wiesen. Obwohl die Pflanze oft in größeren Beständen vorkommt, kennen viele Menschen sie nicht, geschweige denn ihre Bedeutung in der Medizin und Heilkunde. Von unseren Vorfahren ist bekannt, dass sie die Blüten zum Süßen von alkoholischen Getränken wie Honigwein verwendeten. Im Jahre 1897 gewann der Apotheker Felix Hoffmann aus dem Mädesüß erstmals Acetylsalicylsäure. Daraus entstand das seit über 100 Jahren wichtige und am weitesten verbreitete Schmerzmittel „Aspirin".

Die wirksamen Inhaltsstoffe befinden sich in den Blüten. Diese kannst du bei Erkältungskrankheiten, Grippe oder rheumatischem Fieber als Tee nutzen. Mädesüß wird auch „Feuerlöscher der Natur" genannt, da es bei allen entzündlichen Prozessen hilfreich sein soll. In der Volksheilkunde verwendet man den Blütentee wegen seiner schmerzstillenden, krampflösenden, leberunterstützenden, harn- und schweißtreibenden, entgiftenden, blutreinigenden, herzstärkenden und entzündungshemmenden Eigenschaften.

Hast du eine bekannte Aspirin-Unverträglichkeit, solltest du Mädesüß meiden. In großen Mengen angewendet kann es außerdem zu Kopfschmerzen und Übelkeit kommen.

Mädesüß kannst du schon ohne der Blüte an den rötlich überhauchten Stängeln erkennen.

Mädesüß-Pudding

8–10 Mädesüß-Blütenstände in 1 l Milch geben und für einen Tag im Kühlschrank ziehen lassen, dann abseihen. Mit 90 g Zucker, 2 Eiern und 60 g Speisestärke verquirlen und unter ständigem Rühren auf 90 Grad erhitzen. Mit Obst, Zimt oder Fruchtaufstrichen verfeinern und genießen.

VERWENDUNG IN DER KÜCHE

Wenn du den bittermandelartigen Geschmack von Mädesüß magst, hast du viele Möglichkeiten die Blüten zu nutzen. Ich mache daraus einen leckeren Sirup, Gelee oder auch Kräuterlimonade. Köstlich schmecken mit Mädesüßblüten aromatisierte Süßspeisen, Sorbets und Quark. Junge, weiche Blätter kannst du zusammen mit anderen Wildkräutern wie Spinat und als Gemüse zubereiten. Vom Herbst bis zum Frühjahr eignen sich Wurzeln für Suppen oder Eintöpfe.

Beifuß

Artemisia vulgaris · Korbblütengewächse · Juni-September · H 60–200 cm

MERKMALE: Ausdauernde, mehrjährige, krautige Pflanze mit einem aufrechten, kantigen und rotbraunen Stängel. Die Blätter sind fiederteilig und in gezähnte Abschnitte geteilt. Die Blattoberseite ist einfarbig grün, die Unterseite grauweiß, filzig behaart. Reichhaltige und verzweigte Blütenstände mit gelb- oder rotbraunen und meist aufrechten Röhrenblüten. Beim Zerreiben verströmen sie lediglich einen schwachen Geruch.

VORKOMMEN: Verwilderte Gärten, Wege, Brach- und Ödland, Ackerstilllegungsflächen.

VERWECHSLUNG: Die Blüten haben Ähnlichkeit mit dem schwach giftigen Rainfarn *(Tanacetum vulgare)* und dem Wermut *(A. absinthium)* mit einem sehr kräftigen Geruch.

DIE MACHTWURZ DER GERMANEN

Für die Germanen war der Beifuß die mächtigste Pflanze und wurde auch Mugwurz genannt, was so viel wie „Machtwurz" bedeutet. Beifußblätter in den Sandalen der Römer – sie nannten ihn *Artemis Diana* – sollten ihre Füße bei langen Märschen vor Übermüdung schützen. Außerdem wurde die Pflanze bereits zu dieser Zeit bei Frauenleiden angewandt. Sie wurde in nahezu allen bekannten europäischen Kulturen seit der Antike als Heilpflanze verwendet beispielsweise zur Förderung von Appetit, bei Entzündungen, Verdauungs- und Menstruationsproblemen sowie bei Kopfschmerzen. Auch heute noch gilt die Pflanze als Heilkraut. Eingesetzt wird Beifuß als Tee, Wein, Pulver, Tinktur und Sud im Fußbad. Durch die enthaltenen sekundären Pflanzenstoffe, Bitterstoffe, ätherische Öle und Inulin unterstützt Beifußtee vor allem bei Verdauungsproblemen. Weiter wirkt er appetitanregend, krampflösend, antibakteriell, durchblutungsfördernd

Die Blätter des Wermuts sind silbergrau. Die Pflanze riecht markant und kräftig.

und menstruationsfördernd. Bei müden Beinen kannst du einen Sud aus Beifußblättern herstellen und damit ein wohltuendes Fußbad nehmen.
Da die Pflanze auch wehenanregende Eigenschaften hat, darf sie während der Schwangerschaft nicht verwendet werden.

Für müde Beine

Ein Schraubglas bis zur Hälfte mit geschnittenen Blättern, Wurzelteilen und Blüten füllen. Mit Sonnenblumen- oder Olivenöl aufgießen, bis alle Pflanzenteile bedeckt sind. 2–3 Wochen an einem sonnigen Platz im Haus stehen lassen. Abseihen und pro 250 ml Öl 8–10 Tropfen eines ätherischen Kiefernöls dazugeben. Müde oder geschwollene Beine damit einreiben.

MEHR ALS EIN GEWÜRZ

Heute kennen viele Menschen Beifuß lediglich als Gewürz zum festlichen, aber oft zu fetten Gänse- oder Entenbraten. Tatsächlich regt Beifuß die Sekretion von Magensäure und Galle an und unterstützt so unsere Fettverbrennung. Hierzu eignen sich die oberen Haupttriebe vor der Blüte sowohl frisch als auch getrocknet. Sie dienen auch als Gewürz in Suppen und Kohlgerichten.

Schafgarbe

Achillea millefolium · Korbblütengewächse · Juni – Oktober · H 20 – 80 cm

MERKMALE: Mehrjährige, aufrechte Pflanze. Der Stängel ist nur wenig behaart, sehr zäh und kantig. Die Blätter sind fein gefiedert und wechselständig. Die Blattfiedern sind meist bis fast an den Mittelnerv eingeschnitten. Der abgeflachte Blütenstand besteht aus zahlreichen Blütenköpfchen mit 4 – 6 weiß-rosa Zungenblüten. Winzige gelbe oder silbergraue Früchte. Wurzel bildet seitliche, sehr flache Triebe.
VORKOMMEN: Wiesen, Weiden, Wegränder, Ackerstilllegungsflächen.
VERWECHSLUNG: Vor der Blüte mit dem giftigen Gefleckten Schierling *(Conium maculatum)* und dem Riesen-Bärenklau *(Heracleum mantegazzianum)*. Blühend mit dem Wiesen-Schaumkraut *(Cardamine pratensis)*.

HEIL ALLER SCHÄDEN

Wenn du wissen willst, ob dein Partner dich wirklich liebt, solltest du mit einem Schafgarbenstängel in der Nase kitzeln und den Satz sprechen: „Garbe, oh Garbe, bei diesem sanften Hieb Nase, so blute, wenn mein Schatz mich liebt.“ Ich würde mich aber nicht darauf verlassen, denn durch den kantigen Stängel wird die Nase sicherlich bluten!

Die Pflanze kann Blutungen auslösen, aber auch stillen. Schon die Vielzahl der volkstümlichen, sehr aussagekräftigen Namen lässt erkennen, welch eine wichtige Bedeutung die Pflanze für unsere Vorfahren hatte und wie sie angewandt wurde. Man nannte sie unter anderem Achilleskraut, Bauchwehkraut, Blutstillkraut, Frauendank oder aufgrund ihrer Blätter ganz poetisch auch Augenbraue der Venus. Von kaum einer anderen Pflanze gibt es über die Jahrhunderte hinweg so viele Hinweise auf ihre Eigenschaften und ihre Nutzung zu Heilzwecken.

Die Inhaltsstoffe der Schafgarbe wirken entzündungshemmend, antibakteriell, krampflösend und blutstillend. Angewandt wird sie gegen Magen-Darm-Galle-Störungen, Entzündungen, zur Wundheilung und bei Menstruationsbeschwerden.

Schafgarben-Tee

Blüten, Blätter und Stängel sammeln und schonend trocknen. Im Bedarfsfall oder zur Gesundheitsförderung einen Tee daraus zubereiten. 2 TL Schafgarbenkraut mit 200 ml kochendem Wasser übergießen und 10–15 Minuten ziehen lassen. Abseihen und schluckweise trinken.

Die Schafgarbe ist ein Flachwurzler und kann leicht ausgerissen werden.

Eva Aschenbrenner empfahl, getrocknete Blüten durch ein Sieb zu streichen und vor und nach Operationen für eine bessere Wundheilung zu trinken.

Es gibt einige Menschen, die mit einer sogenannten Wiesendermatitis allergisch auf Schafgarbe reagieren. Beginne deshalb erst mal vorsichtig mit der Nutzung dieser Pflanze.

AUCH ZUM ESSEN

Die jungen, zarten Frühlingsblätter kannst du in Salate, Gemüse, Kräutersaucen oder Mixgetränke geben, ältere Blätter eignen sich klein gehackt als Gewürz. Ihr Geschmack ist herb, leicht scharf und muskatnussartig. Die Blüten kannst du in Kräuterlimonaden verwenden und zusammen mit anderen Wildkräutern Sirup oder Gelee daraus herstellen.

Essbare Bäume, Sträucher und Wildfrüchte

Essbares von Bäumen und Sträuchern

HEIMISCHE POWERFRÜCHTE

Überall sieht man meist sehr teure, exotische Beeren und Samen, die um die Welt gereist sind. Ihnen werden oft besondere gesundheitliche Wirkungen nachgesagt. Wenn man sich etwas näher damit beschäftigt, wird einem schnell bewusst, heimische Früchte können hier allemal mithalten. Beeren gelten vollkommen zu Recht als die wahren Powerfoods unserer Ernährung, denn sie sind die bedeutendste Antioxidantien-Quelle der Nahrungsmittel. Sie können freie Radikale im Organismus neutralisieren. Besonders interessant sind außerdem die wasserlöslichen roten, violetten, blauen oder blauschwarzen Pflanzenfarbstoffe aus der Gruppe der Anthocyane. So bringt die deutsche Gesellschaft für Ernährung diese Stoffe mit einem verringerten Risiko für manche

Mit einer kleinen Box kannst du Wildfrüchte unversehrt transportieren.

Besonders bei dornigen Sträuchern sind Handschuhe wichtig.

Krebsarten und Herz-Kreislauf-Erkrankungen in Verbindung. Diese findest du z. B. in Brombeeren, Himbeeren, Heidelbeeren und den Holunderbeeren. Ich selbst trinke täglich 20 ml eines Beerensaftkonzentrates und habe damit tolle Erfahrungen gemacht.

AM BODEN UND HOCH OBEN

Beim Sammeln von Wildkräutern schweift dein Blick meist auf den Boden. Das kann bei den Wildfrüchten ganz anders sein. Manche wachsen direkt vor dir auf der Erde, zum Greifen nahe in Augenhöhe, andere unerreichbar hoch in Bäumen und Sträuchern oder in einer dichten Dornenhecke. Es ist eine große Erleichterung, wenn du beide Hände nutzen und dein Sammelgut in einem am Körper hängenden Korb oder einer Gürteltasche verstauen kannst. Mit einer Hand lassen sich so Äste und Zweige festhalten und heranziehen, die andere ist frei, um zu ernten. Sehr hilfreich sind zum Schutz vor Verletzungen feste Handschuhe und ein Stock mit einem Haken daran. Das erweitert deinen Aktionsradius erheblich. Nüsse und hartschalige Früchte sind unproblema-

Dank eines Stocks mit Haken rücken auch weiter entfernte Beeren in greifbare Nähe und mit einem am Körper hängenden Korb hast du die Hände zum Sammeln frei.

Wilde Heckenstreifen sind ideale Sammelgebiete für Wildfrüchte.

Mit Kindern Beeren zu sammeln ist eine tolle Familienaktivität.

tisch zum Transport. Beeren dagegen sind weich und äußerst empfindlich. Hierfür habe ich immer eine kleine Alu- oder Plastikbox dabei, in der ich mein Sammelgut vorsichtig nach Hause transportiere. Im Kühlschrank lassen sich Beeren für eine kurze Zeit aufbewahren.

SAMMELGEBIETE

Verwilderte, möglichst alte und wenig gepflegte Heckenstreifen sind meine absoluten Lieblingssammelplätze. Dort findest du eine Vielzahl der hier vorgestellten Sträucher. Wenn du Glück hast, kannst du richtige Raritäten wie den Wildapfel entdecken. Am Anfang wirst du die verschiedenen Sträucher noch nicht auseinanderhalten können. Je mehr du draußen bist und dich mit den Pflanzen und Pilzen beschäftigst, desto schneller wirst du diese wiederfinden. Hast du sie einmal ganz bewusst betrachtet, ist das Bild für die Zukunft auf deiner „Festplatte" gespeichert.

MIT KINDER SAMMELN

Die allermeisten Kinder sind sehr gerne draußen in der Natur, wenn sie die Möglichkeit dazu haben. Dann noch auf Entdeckungsreise nach Pilzen oder Beeren zu gehen, ist eine tolle Gelegenheit, das Interesse an der Natur zu wecken. Zu Beginn sollten sie allerdings erklärt bekommen, dass nicht alle verlockenden Früchte mit schönen bunten Farben gegessen werden können, sondern dass es welche gibt, die giftig sind!

Wildfrüchte, Baumwasser und mehr

Viele der Früchte kannst du direkt in der Natur kosten und wie ich finde, schmecken sie tatsächlich so am besten. Es gibt nichts Schöneres, als vollreife Vogelkirschen direkt vom Ast zu naschen. Allerdings sind sie nur für kurze Zeit verfügbar. Mit verschiedenen Grundrezepten kannst du Wildfrüchte konservieren und das ganze Jahr über genießen.

EINFRIEREN

Ist die Ernte zu üppig ausgefallen, kannst du den Überschuss einfrieren und im gefrorenen Zustand weiterverarbeiten. In den Wintermonaten bin ich froh, auf diesen Vorrat zurückgreifen zu können. Die aromatischen Früchte gebe ich in mein Porridge oder stelle Lassi daraus her.

LIKÖR

Um einen leckeren Likör anzusetzen, benötigst du 500 g gewaschene Beeren, 250 g Kandiszucker, eine Vanilleschote und 1 l Wodka. Damit du die aufgequollenen Beeren später wieder herausbekommst, solltest du eine Flasche mit weitem Hals wählen. Zunächst den Zucker in die Flasche geben und zu zwei Dritteln mit den Früchten auffüllen. Besonders geeignet sind Schlehen, Himbeeren, Johannisbeeren, Brombeeren, Heidelbeeren, Vogelkirschen und Kirschpflaumen. Die Vanilleschote hinzugeben und mit Wodka übergießen. Achte darauf, dass die Beeren ganz bedeckt sind, da sie sonst schimmeln könnten. Jeden Tag umrühren und nach 6 Wochen abfiltern.

Weißdornbeeren eignen sich für Likör.

Im Teigmantel gebackene Buchenblätter schmecken lecker zu Salat.

BAUMWASSER

Kurz bevor die Blätter austreiben, ist die richtige Zeit, um Baumwasser zu zapfen. Zuvor solltest du herausfinden, wem die entsprechenden Bäume gehören, und dein Vorhaben mit dem Besitzer abstimmen. Der Baum wird dadurch nicht geschädigt, sollte aber einen Durchmesser von mindestens 25 cm aufweisen. Bohre ein etwa 1–2 cm tiefes Loch in die wasserführende Schicht der Rinde. Mit einem biegsamen Röhrchen kannst du nun das aufsteigende Wasser in eine Flasche leiten. Hast du den perfekten Zeitpunkt erwischt, kannst du direkt stehen bleiben, bis die Flasche gefüllt ist. Tritt nur eine kleinere Menge Baumwasser aus, bindest du die Flasche fest und kommst am nächsten Tag zurück. Verschließe das Bohrloch nach dem Zapfen mit einem kleinen Zweig, sodass keine weitere Flüssigkeit entrinnen kann. Pro Baum und Jahr solltest du nicht mehr als 2 l entnehmen. Voller Dankbarkeit für die vielen Mineralien, die der Baum mir gegeben hat, trinke ich jeden Tag ein Gläschen. Du kannst das Baumwasser für eine Woche im Kühlschrank aufbewahren.

BLÄTTER UND BLÜTEN IM TEIGMANTEL

Der Einstieg in den Genuss von Wildkräutern, -früchten, -beeren und Baumblättern gelingt am einfachsten, wenn du gewohnte Rezepte damit bereicherst. Deinen üblichen Salat kannst du geschmacklich, aber auch optisch, durch geröstete Nüsse oder in Teig ausgebackene, essbare Blätter verfeinern. Du kannst junge, zarte Blätter auch frisch unter den Salat mischen.
Neben Wildkräutern kannst du dafür auch die Blätter von Bäumen verwenden.
Für den Teig benötigst du 100 g Dinkelmehl, 125 ml Milch, ein Ei und Gewürze deiner Wahl. Passend zum Gericht kannst du einen süßen, herzhaften oder neutralen Teig wählen. Er sollte nicht zu dickflüssig sein. Nun die jungen Blätter von Birke oder Buche vorsichtig hindurchziehen. In etwas Öl in der Pfanne ausbacken und genießen.
Auch die Blüten des Schwarzen Holunders schmecken fantastisch in Teig ausgebacken. Hierzu tauchst du die ganzen Blütendolden vorsichtig in den Teig und backst sie in Fett aus. Du kannst sie mit Puderzucker, Zimt, Marmelade und Eis verfeinern.

Berberitzen aromatisieren Essig.

Die Energiekugeln sind ein guter Snack für unterwegs.

ESSIG

Mit Wildbeeren aromatisierter Essig gibt Salaten eine ganz besondere Note und ist einfach herzustellen. Befülle eine Flasche mit weitem Hals zu etwa zwei Dritteln mit Wildfrüchten. Dafür eignen sich beispielsweise Berberitzen, Weißdornfrüchte, Mehl- und Elsbeeren oder Himbeeren. Übergieße die Früchte mit einem Essig deiner Wahl, bis alle vollständig bedeckt sind. Nach etwa sechs Wochen kannst du sie abfiltern oder du lässt die Beeren zu Dekorationszwecken in der Flasche.

ENERGIEKUGELN

Für köstliche und kraftspendende Energiekugeln benötigst du eine Banane, 200 g zarte Haferflocken, 3 EL getrocknete Beeren, 200 g gemahlene Nüsse sowie 3 EL Honig. Vermische alle Zutaten zu einem nicht klebrigen Teig. Sollte er zu krümelig sein, kannst du etwas Obstsaft hinzufügen. Ist er zu feucht, gib noch mehr gemahlene Nüsse hinzu. Forme daraus walnussgroße Kugeln und tauche sie in flüssige Schokolade. Bevor sie fest wird, kannst du die Kugeln in Kokosraspel, Kakaopulver oder gehackten, getrockne- ten Beeren wälzen. Im Kühlschrank sind die Kugeln einige Tage haltbar, wenn du so lange widerstehen kannst. Sie eignen sich auch wunderbar als Geschenk.

FRUCHTSAFT

Mit einem Dampfentsafter kannst du aus saftigen Früchten und Beeren köstlichen Fruchtsaft gewinnen. Um ihn haltbar zu machen, wird er direkt heiß in die vorgewärmten Flaschen gefüllt, sodass sich beim Abkühlen ein schützendes Vakuum darin bildet.

GELEE

Du kannst den Saft wilder Früchte direkt trinken oder ein köstliches Gelee daraus herstellen. Koche 750 ml Fruchtsaft zusammen mit 500 g Gelierzucker 2:1 auf und schmecke mit Limetten- oder Zitronensaft und dem Mark einer Vanilleschote ab. Überprüfe die Konsistenz mit einer Gelierprobe und fülle das Gelee noch heiß in Gläser ab.

GEMÜSE

Es ist ratsam, zunächst kleinere Mengen junger, zarter essbarer Blätter als Beigabe unter das Gartengemüse zu mischen, um den Geschmack zu testen. Das Gleiche gilt für Gemüseaufläufe oder Suppen.

KAFFEE

Eicheln sind hervorragend als Kaffeeersatz geeignet. Du kannst die harte Schale entweder mit einem Nussknacker öffnen oder die Eicheln im Backofen trocknen, bis die Schale aufspringt. Die Kerne legst du unter Zugabe von etwas Natron für 1 – 2 Tage in Wasser. Tausche es mehrmals aus, bis es klar bleibt und die Eicheln immer heller werden. Sobald sie wieder trocken sind, kannst du sie bei 50 Grad für etwa 20 Minuten im Backofen rösten, bis sie eine braune Farbe bekommen. Eicheln in einer Kaffeemühle mahlen und 2 TL mit 200 ml Wasser aufbrühen, dann kannst deinen ersten wilden Eichelkaffee genießen.

STRECKMEHL

Aus den getrockneten und fein gemahlenen Blättern, Samen oder Früchten vieler Pflanzen lässt sich Streckmehl herstellen. Du kannst beim Backen einen Teil des Getreidemehls durch das wilde Mehl ersetzen und den Teig wie gewohnt weiterverarbeiten.

Getrocknete und gemahlene Eicheln eignen sich bestens als Streckmehl mit einem Anteil von maximal 50 Prozent.

Es gibt spezielle Formen, um Müsliriegel selbst zu machen. Mit Wildbeeren sind sie besonders lecker.

LASSI

In Indien habe ich zum ersten Mal Lassi getrunken und war sofort begeistert. Das Grundrezept bleibt immer gleich, doch du kannst mit verschiedenen Wildkräutern und -früchten immer wieder ein neues Geschmackserlebnis kreieren. Für vier Gläser benötigst du 400 g Naturjoghurt, 500 bis 600 ml Wasser, eine Prise Kardamom, für die Süße etwas Zucker, Honig oder Ahornsirup und einige Wildfrüchte oder -beeren. Besonders geeignet sind Heidelbeeren, Brombeeren, Himbeeren und Vogelkirschen. Mit aromatischen Kräutern wie Pfefferminze, Zitronenmelisse oder Zitronenverbene kannst du das Lassi noch verfeinern. Mit dem Stabmixer pürieren und genießen.

MUS

Vor allem härtere Früchte eignen sich für die Herstellung von Mus. Koche 500 g Früchte in 75 ml Wasser weich und verwende dabei einen möglichst großen Topf, damit die die einzelnen Früchte nicht übereinanderliegen. Streiche sie anschließend mit einem Löffel durch ein Sieb oder trenne Fruchtfleisch und Kerne mit der Flotten Lotte. Nach Bedarf süßen und beispielsweise mit Quark oder zu Pfannkuchen genießen.

MÜSLIRIEGEL

Der ideale Snack für unterwegs. Unsere heimischen Früchte und Nüsse sind dafür bestens geeignet. Du benötigst 200 g kernige und 100 g feine Haferflocken, 100 g Wal- oder Haselnüsse und 100 g getrocknete Beeren. Große Nüsse und Beeren grob hacken. In einem hohen Topf 50 g Butter, 200 ml Honig und 1 TL Zitronensaft unter Rühren aufkochen, bis die Masse zu karamellisieren beginnt. Dann die Haferflocken, Nüsse und Beeren unterrühren und köcheln, bis eine appetitliche Färbung entsteht. Gib die Mischung in eine Form

Fichtennadelsalz hat ein feines Waldaroma.

für Müsliriegel oder streiche sie etwa 1 cm dick auf Backpapier. Auskühlen lassen und vorsichtig aus der Form nehmen oder in Stücke schneiden.

PORRIDGE

4 EL Hafer- oder Dinkelflocken mit 150 ml Milch, einer Milchalternative oder Wasser in einen Topf geben und kurz aufkochen lassen. Alternativ kannst du die Haferflocken abends zur Milch geben und über Nacht quellen lassen. Wildfrüchte und Nüsse passen zusammen mit etwas Honig oder Ahornsirup ausgezeichnet dazu. Mit einer Prise Zimt kannst du das Porridge noch verfeinern. Der perfekte Start in den Tag.

NADELSALZ

Aus Meersalz und den jungen Nadeln von Fichte, Douglasie und Kiefer kannst du ein ganz besonderes Gewürzsalz herstellen. Die frischen oder getrockneten Nadeln mit Meersalz etwa im Verhältnis 1:2 in den Mixer geben oder im Mörser fein mahlen. Anschließend gut trocknen lassen oder bei leicht geöffneter Tür im Backofen trocknen. Am besten finde ich eine Mischung aus verschiedenen Baumnadeln.

FICHTENSPITZENAUFSTRICH

Du benötigst 200 g junger Nadeltriebe von Fichte oder Douglasie, 1 l Wasser, eine Zitrone und 1500 g Zucker. Die Triebe ins Wasser geben und für einige Minuten zum Köcheln bringen. Den Ansatz über Nacht stehen lassen, damit die Aromen besser ins Wasser übergehen können. Am nächsten Tag durch ein mit einem sauberen Geschirrtuch ausgeschlagenes Küchensieb filtrieren. Winde die Triebspitzen mit dem Tuch fest aus, denn in ihnen stecken noch viele Aromen. Nun den Zucker und den Zitronensaft zum Sud geben und langsam einköcheln lassen, bis eine sirupartige Konsistenz entsteht. Überprüfe sie, indem du eine kleine Menge Sirup auf einen Teller gibst und schräg ablaufen lässt. Ist er ausreichend zähflüssig, kannst du ihn in vorgewärmte Gläser füllen. Der „Honig" schmeckt sehr lecker als Aufstrich auf Butterbrot oder zum Süßen von Tee oder Quark.

Rot-Buche

Fagus sylvatica · Buchengewächse · April–Mai · H 25–40 m

MERKMALE: Frei stehende Buchen mit ausladendem Wuchs, im dichten Wald geradewüchsig und lang gestreckt. Die elliptischen und leicht gewellten Blätter sind gestielt und wechselständig angeordnet. Sie können bis zu 10 cm lang und 7 cm breit werden. Blattoberseite dunkelgrün glänzend, Blattunterseite mit Behaarung (Lupe). Goldgelbe Herbstfärbung. In einer 4-klappigen, stacheligen Hülle sind 2–4 Nussfrüchte zu finden. Die spitz zulaufenden Knospen sind lang und dünn. Glatte silbergraue Rinde.

VORKOMMEN: Wälder, Parks. Einer der bedeutendsten Forstbäume.

VERWECHSLUNG: Mit der Hainbuche *(Carpinus betulus)*, die eine gewellte Rinde besitzt.

DIE „MUTTER DES WALDES"

Hätte der Mensch die Buchenwälder nicht über Jahrhunderte radikal abgeholzt, wäre Deutschland heute noch in weiten Teilen von eben diesen bedeckt. Buchen können bis zu 300 Jahre alt werden und kommen mit sehr wenig Licht zurecht. Sie beenden das Jahr mit einer prächtigen goldgelben Herbstfärbung. Die unfassbaren Mengen an abgeworfenem Laub sind Düngung und liefern Nährstoffe für den Waldboden, aber auch Lebensraum für Insekten und Käfer, während ihre Früchte Nahrung für Wildschweine und Rehe bieten.

JUNG UND ZART

Junge Buchenblätter im Frühling sind butterweich und du kannst sie in Salaten, Aufläufen, Gemüse oder einem Kräutermixgetränk nutzen. Etwa alle 3–6 Jahre kommt es zu einem sogenannten Mastjahr, in dem es besonders viele Bucheckern gibt. Davon profitieren auch viele Waldbewohner, denn sie sind sehr nahrhaft und haben einen Fettgehalt von bis zu 40 Prozent. Da manche Menschen rohe Bucheckern nicht vertragen, röste ich sie zur weiteren Nutzung in einer Pfanne an, anstatt sie roh zu essen. Das intensiviert auch den Geschmack. Mit ihrem nussigen Aroma verfeinern sie Salate und Brote mit Kräuterbutter.

In der Volksmedizin wurden Rinde und Blätter der Rot-Buche bei Fieber, Husten, Wunden und Zahnfleischproblemen eingesetzt. Die Bachblüte „Beech" soll bei Intoleranz helfen. Menschen, die sie benötigen, neigen dazu, ständig ihre Umwelt zu kritisieren.

Hainbuchen haben kleinere, geflügelte Samen anstatt der Bucheckern und ihre Blätter sind welliger.

Gebackene Buchenblätter

80 g Butter mit 70 g Zucker und 2 Eiern verrühren. 180 g Mehl, ½ Pck. Backpulver und 100 g gemahlene Bucheckern vermischen und zu der Butter-Ei-Zucker-Masse geben. Zu einem Teig verrühren. Kleine Kugeln formen und auf einem Backblech mit Backpapier flach drücken. Bei 220 Grad für 7–8 Minuten backen. Ein köstlich nussiges Geschmackserlebnis.

BUCHEN-BEGLEITER

In der Nähe oder an der Buche kannst du verschiedene Pilzarten finden. Dazu gehören die essbaren Herbst-Trompeten (S. 238), Sommer-Steinpilze, Austern-Seitlinge (S. 216) und der Saitenstielige Knoblauch-Schwindling, ein guter Würzpilz.
Hier wächst aber auch der tödlich giftige Grüne Knollenblätterpilz.

Kornelkirsche

Cornus mas · Hartriegelgewächse · März – April · H 5 – 8 m

MERKMALE: Strauch oder Baum. Die Blätter sind gegenständig angeordnet, wellig und ganzrandig. Glänzende Blattoberseite, helle Unterseite mit weißen Haarbüscheln in den Nervenwinkeln. Herbstfärbung gelb bis orange. Im März erfolgt noch vor dem Blattaustrieb die Blüte mit gelben, kugeligen, nach Honig duftenden Trugdolden. Die länglichen, intensiv rot gefärbten Steinfrüchte sind ab August zu finden. Diese verfärben sich dunkel- bis schwarzrot.

VORKOMMEN: Waldränder und Hecken, kalkreiche, trockene und sonnige Hänge.

VERWECHSLUNG: Mit dem Roten Hartriegel *(C. sanguinea)*, der ähnliche Blätter hat. Die Früchte mit Kirschpflaumen, die allerdings rund sind.

IM KAUKASUS ZU HAUSE

Du findest die Kornelkirsche zerstreut in alten Weinbergen, in Windschutzhecken und als Ziergehölze auf öffentlichen Flächen. Die größten Vorkommen gibt es im Harz, in der Eifel, am Niederrhein, im Saarland, in der Mosel-Region sowie an Main, Donau und Saale. Ursprünglich stammt sie jedoch aus dem Kaukasus. Sie kann bis zu 100 Jahre alt werden. Die Griechen und Römer nutzten das extrem harte Holz zur Herstellung von Waffen und Werkzeug. Es gilt als das härteste unserer heimischen Gehölze.

LANGE ERNTEZEIT

Die Erntezeit beginnt Ende August und erstreckt sich über mehrere Wochen, da die Steinfrüchte im Laufe der Zeit einen höheren Zuckergehalt entwickeln. Zur Vollreife sind sie sehr Vitamin-C-reich, glasig und sobald du sie berührst, tritt schon Fruchtsaft aus. Einzelne Früchte kannst du direkt vom Ast pflücken. Möchtest du größere Mengen ernten, ist es sinnvoll, eine Folie unter den Strauch zu legen und die Früchte dann einfach herunterzuschütteln. Du kannst Kornelkirschen roh verzehren oder zu Kuchen, Dessert, Kompott, Fruchtsaft, Marmelade, Smoothies oder Lassi verarbeiten. Auch einen Likör kann man damit ansetzen. Die Blüten eignen sich zum Aromatisieren von Speisen und die jungen Blätter für Teemischungen.

Sind die schwarzen Früchte des Roten Hartriegels erst zu sehen, ist die Verwechslungsgefahr gebannt.

Beeren-Kräutertrunk

Eine Handvoll entsteinte Kornelkirschen mit etwa 50 g Kräutern in einen Mixer geben. Brennnesseln oder Giersch eignen sich sehr gut. 250 ml Wasser und bei Bedarf noch ein paar Stücke Apfel, Birne, Banane oder Honig für die Süße hinzugeben. Pürieren und genießen.

HEILSAMES BAD

In der Heilkunde spielt die Kornelkirsche keine bedeutende Rolle, fand aber wohl Anwendung als wohltuender Badezusatz. In den Schriften der heiligen Hildegard findet man diesen Text: „Die Kornelkirsche ist warm und ihre Wärme ist mild und sie hat Süße und Feuchtigkeit in ihr. Nimm daher von ihrer Rinde, dem Holz und den Blättern und koche sie in Wasser und mache daraus ein Bad. Und wer an Gicht leidet, sei es ein Kind, ein junger Mensch oder ein alter, der bade darin."

Preiselbeere

Vaccinium vitis-idaea · Heidekrautgewächse · Mai–Juli · H 20–40 cm

MERKMALE: Immergrüner, kompakter Zwergstrauch mit kriechendem bis aufrechtem Wuchs. Die kurz gestielten Blätter sind länglich oder verkehrt eiförmig und an der Spitze stumpf. Die Blattoberseite ist glänzend und dunkelgrün, die Unterseite heller grün und mit dunklen Drüsenhaaren punktiert. Oft nach unten eingerollter Blattrand. Die weißlichen und rosa Blüten hängen in nickenden kurzen Trauben. Ab Ende August reifen die leuchtend roten, bis zu 10 mm großen, etwas säuerlich schmeckenden Beeren.
VORKOMMEN: Moore, Heiden, Fichten- und Kiefernwälder, auf sauren Böden.

VERWECHSLUNG: Bärentraube *(Arctostaphylos uva-ursi)*. Die Blattunterseiten sind nicht punktiert und die Blätter nicht eingerollt.

EINE BEERE MIT VIELEN NAMEN

Die vielen Bezeichnungen für die Preiselbeere sorgen häufig für Verwirrung. In Nordwest-Deutschland wird sie Kronsbeere genannt, in Tirol und Südost-Österreich heißt sie Grante, und im Südosten Deutschlands Moosbeere, Riffelbeere oder Grestling. Die „Kulturpreiselbeere" ist in Wahrheit die Großfrüchtige Moosbeere (*V. macrocarpon*), die auch unter dem Namen Cranberry bekannt ist – eine ganz andere Pflanze, die auch anders schmeckt und bevorzugt kommerziell angebaut wird. So sind wir heute meist darauf angewiesen, selbst zu sammeln, wenn wir echte Preiselbeeren essen wollen. Du findest sie bis in den Oktober hinein.

Bis zu 8 glockenförmige Einzelblüten sind in kurzen hängenden Trauben angeordnet.

KLASSIKER ZU WILD

Ich habe noch nie erlebt, dass zu einem Wildgericht keine Preiselbeeren gereicht wurden. Auch zu Camembert, anderen Käsesorten oder Wiener Schnitzel passt Preiselbeer-Konfitüre ausgezeichnet. Die säuerlichen Beeren schmecken auch als Gelee, Kompott, in Fruchtsäften, Smoothies und Lassi, im Likör und auf Kuchen und Torten. Preiselbeer-Konfitüre passt besonders gut zu Pilzgerichten wie beispielsweise gebackenem Parasol. Preiselbeeren enthalten die Vitamine C, B1, B2, B3, Beta-Karotin sowie zahlreiche Mineralstoffe, vor allem Kalium, Calcium, Magnesium und Phosphat. Die Beeren und die getrockneten Blätter wurden in der Volksmedizin und der Naturheilkunde hauptsächlich wegen der entzündungshemmenden und leicht harntreibenden Wirkung bei Blasenentzündungen und Niereninfektionen verwendet.

Preiselbeer-Sauce

Zu gleichen Teilen Preiselbeer-Konfitüre, mittelscharfen Senf und Sahne-Meerrettich gut vermischen. Mit Salz und Pfeffer würzen und ggf. etwas Streuwürze (S. 24) dazugeben. Ich habe die Sauce schon zu vielen Speisen wie Rühreiern, Fisch, Fleisch und gebackenem Käse probiert.

BEGLEITPILZE

Die Preiselbeere wächst vor allem in sauren Fichten- und Kiefernwäldern. Das ist auch die optimale Umgebung für Steinpilze (S. 190), Maronen-Röhrlinge (S. 196), den Flockenstieligen Hexen-Röhrling (S. 186) sowie eine Reihe von Täublingen. Aber auch der Gallen-Röhrling ist hier häufig zu finden.

Sanddorn

Hippophae rhamnoides · Ölweidengewächse · März–Mai · H 3–6 m

MERKMALE: Sommergrüner, dorniger Strauch. Die schmal-lanzettlichen Blätter haben einen kurzen Stiel, sind wechselständig angeordnet und der glatte Blattrand rollt sich leicht nach oben. Blattoberseite mit sternförmigen Haaren, Blattunterseite weiß-filzig behaart. Die kleinen gelblichen Blüten erscheinen vor dem Austrieb der Blätter. An den Ästen befinden sich sehr spitze Dornen. Bis zu 8 mm lange, ovale leuchtend orangerote bis gelbe Früchte.

VORKOMMEN: Kalkhaltige Sand- und Kiesböden, lichte Kiefernwälder, sonnige Lagen.

VERWECHSLUNG: Im Garten mit dem Feuerdorn *(Pyracantha coccinea)*, dessen Beeren die gleiche Farbe haben.

REICH AN VITAMIN C

Der Sanddorn kommt heute vor allem an den Küsten von Nord- und Ostsee, in Mecklenburg-Vorpommern und Brandenburg, aber auch im Schwarzwald vor. In Deutschland wurde der Strauch erstmalig in den 1960er-Jahren in der damaligen DDR großflächig angebaut. Er wurde als wertvoller Beitrag zur Volksgesundheit und wichtige Vitamin-C-Quelle angesehen. Er enthält zudem viele Mineralstoffe, Flavonoide, Carotinoide und das sonst vorwiegend in tierischer Nahrung enthaltene Vitamin B 12, welches Vegetarier und Veganer zusätzlich zu sich nehmen sollten.
In der Heilkunde werden Sanddornfrüchte und Sanddornmark bei Erkältungskrankheiten und zur Stärkung des Immunsystems verwendet. Sanddornöl aus den Kernen unterstützt die Wundheilung. Man findet es auch in Hautpflegeprodukten. Sanddorn soll zudem die überschießende Produktion von Magensäure regulieren und Darmtoxine binden.

In Gärten und auf öffentlichen Plätzen kannst du den schwach giftigen Feuerdorn finden.

HANDSCHUHE TRAGEN

Um die reifen Beeren zu ernten, solltest du unbedingt Handschuhe tragen, um dich vor den Dornen zu schützen. Die Ernte beginnt ab August und dauert bis in den Oktober. Zur Vollreife ist die Haut der saftigen Früchte allerdings sehr weich, weshalb du sie leicht zerquetschen kannst. Am frühen Morgen nach einer Frostnacht geht es einfacher, dann sind die Beeren durch die Kälte fester und du kannst sie vorsichtig ernten, indem du sie direkt mit dem Handschuh abstreifst. Du kannst auch eine Folie unter dem Strauch ausbreiten und mit einem Stock auf die Zweige schlagen, um die Früchte abzuschütteln. Für den Verzehr frisch, direkt vom Strauch, sind die Beeren wegen des säuerlichen Geschmacks weniger geeignet. Sie eignen sich allerdings ganz hervorragend für Fruchtmus, Fruchtsaft, Tee oder Sirup. In getrockneter Form kannst du sie in Müsli, Süßspeisen, für Wein, Likör und auf Torten und Kuchen verwenden. Sanddorn ist auch in einigen Gewürzmischungen enthalten. Diese passen wunderbar zu Pasta und Nudelgerichten.

Sanddorn-Quark

250 g Quark, 1 EL Honig, 1 Päckchen Vanillezucker, 3 EL Sanddornsirup, 2 EL Milch und den Saft einer halben Zitrone verrühren. Als Topping eignen sich gehackte Mandeln oder Nüsse.

Berberitze

Berberis vulgaris · Berberitzengewächse · April–Juni · H 1–3 m

MERKMALE: Die bis zu 5 cm großen, büschelig wachsenden Blätter sind länglich bis eiförmig. In den Blattachseln stehen lange, sehr spitze Dornen. Am Busch verteilt hängen die gelben, unangenehm riechenden Blütentrauben. Die holzigen Äste sind innen gelb, die Rinde ist hellgrau und teilweise rötlich überlaufen. An kleinen roten Stielen hängen längliche tiefrote, bis zu 1 cm große und sauer schmeckende Beeren in Trauben. Wunderschöne rote oder gelborange Laubfärbung im Herbst.

VORKOMMEN: Lichtungen, Waldränder, Hecken.

VERWECHSLUNG: Thunbergs Berberitze *(B. thunbergii)* mit ganzrandigen Blättern. Giftig, nicht zum Verzehr geeignet.

ORIENTALISCHER LECKERBISSEN

Vor einigen Jahren wunderte ich mich, dass auf einem Markt in Berlin große Mengen getrockneter Berberitzen angeboten wurden. In unserer Küche finden sie kaum Verwendung. Der Händler klärte mich jedoch schnell darüber auf, welche Bedeutung Berberitzen auf dem Speiseplan der Menschen in den Ländern des Nahen Ostens haben. Besonders in Reis- und Fleischgerichten werden die Früchte verwendet.

Sind sie dunkelrot und schon etwas weich, ist der optimale Zeitpunkt gekommen, um die säuerlich schmeckenden und sehr Vitamin-C-reichen Beeren zu ernten. Beim Sammeln musst du äußerst aufmerksam sein, denn die Dornen sitzen oft nahe an den Beeren und können dich schnell verletzen. Ich verwende sie gelegentlich in meinem morgendlichen Porridge. Du kannst aus den Beeren auch Saft pressen und diesen weiterverwenden, um beispielsweise Gelee daraus herzustellen. Mit Wodka, Zucker, einer Vanilleschote und Berberitzen kannst du auch einen leckeren Likör ansetzen. Berberitzen-Essig ist aromatisch, vitaminreich und gesund. Eine Flasche zu einem Drittel mit getrockneten Berberitzen füllen und mit einem guten Essig übergießen. Den Ansatz für sechs Wochen stehen lassen.

Berberitzen-Schokolade

Eine besondere Nascherei ist die Kombination von getrockneten Berberitzen und Schokolade. Einfach Schokolade der Wahl schmelzen und die getrockneten Beeren dazugeben, dann in einer Form oder auf einem Blech auskühlen lassen. Der süßsaure Geschmack ist einfach köstlich.

In Gärten kommt die Thunbergs Berberitze mit rötlichen Blättern als Schnitthecke oder Solitärstrauch vor.

GIFTIGE PFLANZE MIT ESSBAREN BEEREN

Die Beeren sind reich an Vitamin C, gelten als leichtes Abführmittel und sollen fehlenden Appetit anregen. Der Rest der Pflanze ist nicht zur Selbstmedikation geeignet, denn alle anderen Pflanzenteile enthalten das giftige Alkaloid Berberin in hohen Mengen. Richtig dosiert wirken auch diese Teile förderlich für die Gesundheit. Heute gibt es homöopathische Produkte zur Behandlung von Leber- und Gallenerkrankungen sowie bei Hämorrhoiden, Nierenbeckenentzündungen und rheumatischen Gelenksproblemen, die aus der getrockneten Rinde von Zweigen und Wurzeln hergestellt werden.

Hänge-Birke

Betula pendula · Birkengewächse · April–Mai · H 10–20 m

MERKMALE: Im Jugendstadium schmale, spitzkegelige Krone, mit zunehmendem Alter unregelmäßiger. Markante glatte, weißlich-silbergraue und dunkel-rissige Rinde. Die dreieckigen bis rautenförmigen, spitz zulaufenden Blätter sind 3–7 cm lang und unbehaart. Männliche gelborange Kätzchen blühen von März bis Anfang Mai. Die weiblichen Kätzchen sind kurz gestielt und erreichen bis zum Frühherbst eine kräftige bräunliche Färbung.

VORKOMMEN: Wälder, Straßenränder, Parkanlagen und Gärten. Pioniergehölz auf Kahlflächen.

VERWECHSLUNG: In Mooren und in Bruchwäldern wächst die Moor-Birke *(B. pubescens)* auf sauren Torfböden. Ihre Zweige hängen nicht, sondern wachsen waagerecht bis schräg nach oben.

KRAFTVOLL GEGEN ERKÄLTUNGEN

Die jungen Blätter kannst du im zeitigen Frühjahr sammeln, die Knospen findest du sogar schon ab Anfang März. Sie passen wunderbar in Smoothies, Kräutermischungen und Gemüsezubereitungen. Zusammen mit anderen Wildkräutern ergeben junge Birkenblätter und -knospen einen leckeren Salat, den du mit ein paar Walnusskernen noch verfeinern kannst. Die Blütenkätzchen und Blätter kannst du trocknen und als Streckmehl oder in einem Kräutersalz verwenden. Mit zahlreichen Flavonoiden, Gerbstoffen und einem hohen Gehalt an Vitamin C stärken sie deine Gesundheit.
In den Knospen steckt die ganze Power des Baumes. Du kannst sie direkt roh verzehren oder als Tee gegen Erkältungskrankheiten zubereiten. Anfang März kannst du außerdem Birkenwasser zapfen und dich jeden Tag mit einem Gläschen wertvoller Mineralien stärken. Ganz wichtig ist es, das Loch nach dem Abzapfen zu verschließen. Die jungen Blätter kannst du nicht nur essen, sondern einen Tee daraus auch für eine Frühjahrs- oder Entschlackungskur nutzen. Sie haben eine harntreibende und stoffwechselanregende Wirkung.

Birkenknospen-Tee

Einen Esslöffel frische oder getrocknete Birkenknospen leicht mit einem Mörser oder einer Gabel zerdrücken. In einer Tasse mit 250 ml heißem Wasser übergießen und ca. 10 Minuten ziehen lassen, dann schluckweise trinken. Der Tee hilft bei Erkältungskrankheiten und kann Fieber senken.

Birkenporlingtee ist bei Magenschmerzen meine erste Wahl. Er wächst an abgestorbenen Birken.

BIRKE UND PILZE

Die Hänge-Birke ist Mykorrhiza-Baum einiger Speisepilze. Das sind vor allem Raufußröhrlinge wie Birkenpilze (S. 192), Birken-Rotkappen (S. 194), Birken-Steinpilze und einige Täublinge. Außerdem wachsen an diesem Baum zwei der wichtigsten Heilpilze. Der Birkenporling *(Piptoporus betulinus)* wurde durch den Ötzifund erst richtig bekannt. Ein Tee aus dem getrockneten Pilz hilft bei Magenproblemen oder Sodbrennen. Der Schiefe Schillerporling *(Inonotus obliquus)*, auch Chaga genannt, wächst ebenfalls an der Hänge-Birke. Er ist vor allem in Osteuropa schon seit Jahrhunderten zur Behandlung von Herz-Kreislauf-Erkrankungen, Diabetes oder Krebs bekannt.

Ess-Kastanie, Edel-Kastanie

Castanea sativa · Buchengewächse · Mai–Juni · H 20–35 m

MERKMALE: Sommergrüner Baum mit bis zu 20 cm langen und 8 cm breiten Blättern. Diese sind wechselständig angeordnet, lederartig, kahl, lanzettlich und grob gesägt. Die Blattoberseite ist glänzend dunkelgrün, die Unterseite hellgrün. Männliche Blütenstände in herunterhängenden gelblichen und bis zu 20 cm langen Kätzchen. Markant ist die graubraune Borke, die im Alter oft tiefe Längsfurchen aufweist. Die braunen und glatten Früchte, die nach oben zugespitzt sind, liegen meist zu zweit in einer stacheligen Fruchthülle.

VORKOMMEN: Gärten, Parks, Wälder. Sehr wärmeliebend.

VERWECHSLUNG: Mit der Gewöhnlichen Rosskastanie *(Aesculus hippocastanum)*, deren Blätter handförmig sind.

IN WARMEN LAGEN ZU HAUSE

Die Ess-Kastanie gelangte vermutlich durch die Römer in die warmen Lagen Deutschlands. Ursprünglich stammt dieser Baum aus Kleinasien und dem Kaukasus. Er kann bis zu 500 Jahre alt werden. Heute finden wir die Bäume vor allem entlang von Rhein, Nahe, Mosel und Saar. In der Pfalz gibt es sogar ganze Ess-Kastanienwälder. Die Ess-Kastanie könnte bald häufiger in Deutschland vorkommen, denn sie ist in den letzten Jahren in den Fokus der Forstwirtschaft gerückt. Die Ess-Kastanie kommt mit Trockenheit gut zurecht und gilt als sehr anpassungsfähig und wärmeresistent.

Auf das Öffnen der igelartigen Hülle warten nicht nur Menschen, sondern auch viele andere Tierarten.

KÖSTLICHE MARONEN

Zur Weihnachtszeit dürfen heiße, geröstete Maronen auf den Weihnachtsmärkten nicht fehlen. Sie sind Zuchtformen der Ess-Kastanie mit etwas größeren, runden Früchten, die sich leichter schälen und lagern lassen. Früher galten Esskastanien als „Brot der armen Leute“. Heute nutzen Menschen, die auf eine glutenfreie Ernährung achten müssen, Selbstversorger und gesundheitsbewusste Personen sie als Alternative zu Getreidemehl. Aus dem Kastanienmehl kannst du Brot backen, Cremes, Pudding und Schokoaufstriche herstellen oder sie als Zutat in herzhaften Gemüse-, Fleisch- und Pilzgerichten sowie zum Andicken von Suppen verwenden. Geröstete und gemahlene Früchte kannst du als Kaffee-Ersatz nutzen. Im Frühjahr schmecken die Blüten lecker als Sirup oder Gelee.

Kastanien-Pfannkuchen

Jeweils 40 g Esskastanien- und Getreidemehl, 2 Eier, 160 ml Milch, Salz, Pfeffer und Streuwürze (S. 24) zu einem Teig mischen. In der Pfanne dünne Pfannkuchen backen. Mit herzhaftem Rohkostsalat oder einem Kräuter-Dip gefüllt schmecken sie einfach köstlich.

HEILKRÄFTIGE KASTANIE

In der Naturheilkunde werden Rinde, Blätter und Früchte bei Husten, Entzündungen in Hals, Mund und Rachen, Durchfall, Schuppen, Würmern, Gicht, Heiserkeit und Stimmverlust meist als Tee verwendet. Hildegard von Bingen empfahl sie bei Kopf-, Leber-, Milz- und Magenschmerzen sowie gegen Herzschmerz und Traurigkeit. Die Bachblüte „Sweet Chestnut“ soll unterstützen, Lebenskrisen zu überstehen und hoffnungsvoll zu sein.

Gewöhnliche Hasel

Corylus avellana · Birkengewächse · Februar–März · H 5–10 m

MERKMALE: Sommergrüner, vielstämmiger Strauch mit zahlreichen Stockausschlägen oder kleiner Baum. Die bis zu 12 cm langen und 10 cm breiten, rundlichen Blätter haben eine markante kurze Spitze und einen doppelt gesägten Blattrand. Die Oberseite ist leicht behaart und dunkler als die Unterseite. Die männlichen Blüten stehen in hängenden Kätzchen, die weiblichen erscheinen im Februar und März vor dem Blattaustrieb als kleine Knospe mit einer roten Narbe. Die Frucht ist eine einsamige Nussfrucht mit einem großen Samen, die Haselnuss. **VORKOMMEN:** Hecken, Waldränder, Gärten, Solitärstrauch.

VERWECHSLUNG: Lamberts-Hasel *(C. maxima)*, Korkenzieher-Hasel *(C. avellana)*, Baum-Hasel *(C. colurna)*.

BELIEBT UND BEKANNT

Haselnusssträucher findest du fast in ganz Europa und Kleinasien. Sie wachsen häufig in Hecken, an Waldrändern, als einzeln stehende Gehölzgruppe oder werden als Wind- und Erosionsschutz gepflanzt. Die meist in Gärten vorkommende Korkenzieher-Hasel ist eine Mutation. Der Strauch mit den korkenzieherartig gewundenen Zweigen wurde Mitte des 19. Jahrhunderts erstmalig in der Natur entdeckt.

Bereits ab Januar blühen die männlichen Blüten, die – zum Leidwesen von Pollenallergikern – unglaubliche Mengen gelber Pollen abgeben, welche mit dem Wind verteilt werden.

Im Gegensatz zu den Blüten liegt die Frucht auf der Beliebtheitsskala der Nüsse sehr weit vorn und ist in vielen von uns geschätzten Leckereien zu finden. Dazu gehören Nussschokolade, Eis und morgendliche Brotaufstriche. Du kannst sie als Zwischensnack roh essen, in dein Frühstücksmüsli geben, damit backen oder Haselnussmilch herstellen. Die Nüsse sind sehr nahrhaft und fettreich und liefern viel Vitamin A, B und E sowie Kalzium, Kalium und Eisen.

Haselnuss-Spätzle

300 g Getreidemehl mit 100 g gerösteten und gemahlenen Haselnüssen mischen. Mit 8 Eiern, etwas Salz und Muskatnuss zu einem zähflüssigen Teig verrühren. Für 15–20 Minuten ruhen lassen. Mit einem Spätzleschaber Spätzle in kochendes Salzwasser schaben. Sobald die Spätzle nach oben steigen, sind sie fertig.

Die Früchte Korkenzieher-Hasel erscheinen nur selten und sind sehr klein, aber ebenfalls essbar.

HASELNUSS UND TRÜFFEL

In den letzten Jahren ist der Anbau von Haselnusssträuchern in Deutschland mehr in den Fokus gerückt. Zum einen erschließen sie für einige Landwirte neue Ertragsquellen, zum anderen ist der Strauch als Symbiose-Partner beim Anbau von Trüffeln sehr interessant. Mit seinem schnell wachsenden Wurzelsystem durchdringt er den Boden und trägt damit zur Verbreitung des Trüffel-Myzels bei. Tatsächlich habe ich selbst meinen ersten Trüffel durch Zufall bei Gartenarbeiten unter einem Haselnussstrauch gefunden. Wenn du viel Glück hast, kannst du also gleich zwei leckere Nahrungsmittel aus der Natur ernten. Mittlerweile kann man sogar Haselnusspflanzen, welche bereits mit Trüffelpilzen beimpft sind, kaufen.

Heidelbeere

Vaccinium myrtillus · Heidekrautgewächse · April–Mai · H 25–40 cm

MERKMALE: Sommergrüner und stark verzweigter Strauch, mit scharfkantigen Zweigen und kantig gerieften Trieben. Die kahlen, elliptischen bis eiförmigen Blätter laufen spitz zu. Bis zu 7 mm lange, hängende und oft rot überlaufene Blüten wachsen einzeln aus Blattachseln. Die schwarz- oder dunkelblauen, bereiften, runden Früchte erreichen max. 10 mm im Durchmesser und haben blaues Fruchtfleisch. Tiefrote Herbstfärbung.
VORKOMMEN: Zeigerpflanze für saure Böden. Nährstoff- und basenarme Heidelandschaften, lichte Laub- und Nadelwälder, gerne in Kiefernwäldern und Gebirgsfichtenwäldern.

VERWECHSLUNG: Mit der leicht giftigen Rauschbeere *(V. uliginosum)*, mit rundem Stängel. Das Innere der Beeren ist hell.

Die Rauschbeere hat einen holzigen Stamm, ähnliche Beeren, runde Zweige und ganzrandige Blätter.

SUPERFOODS AUF DEM WALD

Du musst keine der Superfoods kaufen, die um die halbe Welt transportiert werden, denn es gibt sie direkt vor der Haustür. Beeren gehören zu den gesündesten Nahrungsmitteln überhaupt und die Heidelbeere gilt als Königin der antioxidativen Früchte. Besonders die entzündungshemmenden Anthocyane sind wichtig für uns. Sie fangen freie Radikale ab und verhindern gefährliche Ablagerungen in den Arterien, die auf Dauer zu Gefäßverengungen und zum Herzinfarkt führen können. Die kalorienarmen Heidelbeeren enthalten außerdem reichlich Vitamin C. Du kannst mit den frischen Beeren Kuchen, Marmelade, Quark, Eis, Smoothies, Lassi, Saft oder Likör zubereiten. Getrocknet nutze ich sie im Frühstücksmüsli. Die jungen Blätter sind oft Bestandteil von Teemischungen.

Getrocknete, abgekochte Beeren sind aufgrund der enthaltenen Gerbstoffe und Pektine bei unspezifischen akuten Durchfallerkrankungen und als Gurgelmittel bei leichten Entzündungen von Mund- und Rachenschleimhaut ein beliebtes Volksheilmittel. Im Zweiten Weltkrieg wurde der positive Effekt von Heidelbeeren auf die Augen bei Piloten beobachtet. In Studien wurde belegt, dass die enthaltenen Anthocyane die kleinen Blutgefäße im Auge und damit die Sehkraft stärken.

ZEIGERPFLANZE

Sogenannte Zeigerpflanzen geben Aufschluss darüber, wie der Boden beschaffen ist, auf dem sie wachsen, denn sie sind auf bestimmte Bedingungen angewiesen. Die Heidelbeere ist ausschließlich in sauren Waldgebieten zu finden und so weißt du sofort, welche Pilze hier ebenfalls vorkommen.

Dazu gehören der Flockenstielige Hexen-Röhrling (S. 186), der Maronen-Röhrling (S. 196), Sand- und Kuh-Röhrling (S. 208 und 206), die Heide-Rotkappe (S. 194), der Wiesel-Täubling und der Trompeten-Pfifferling (S. 242). Sie alle sind essbar.

Heidelbeer-Muffins

80 g Butter, 250 g Zucker und 1 Pck. Vanillezucker schaumig rühren, 2 Eier dazugeben und cremig aufschlagen. 1 TL Backpulver, ½ TL Salz und 200 g Mehl mischen, mit 100 ml Milch verrühren und zur Butter-Zucker-Ei-Masse geben. Zum Schluss 200 g mehlbestäubte Heidelbeeren vorsichtig unterheben. In Förmchen für 20 Min. bei 180 Grad backen.

Kirschpflaume

Prunus cerasifera · Rosengewächse · März – April · H 5 – 7 m

MERKMALE: Strauch oder mehrstämmiger Baum. Die zugespitzten, kahlen, am Rand fein gekerbten Blätter werden bis zu 8 cm lang und etwa halb so breit. Die weißen bis schwach rosafarbenen, stark duftenden Blüten erscheinen vor und mit dem Blattaustrieb. Die Rinde der jungen Zweige ist grün und verfärbt sich im Laufe der Zeit graubraun. Die kugeligen Steinfrüchte können bis zu 3 cm im Durchmesser erreichen und ähneln stark denen der Mirabelle. Sie kommen in verschiedenen Gelb-, Blau- und Rottönen vor.

VORKOMMEN: Gärten, Hecken, Feldgehölze, Parks.

VERWECHSLUNG: Mit der Mirabelle *(P. domestica* ssp. *syriaca)* und anderen Arten der Gattung *Prunus*.

MIRABELLE ODER KIRSCHPFLAUME?

Die Kirschpflaume findet man meist nur verwildert und zerstreut in Heckenlandschaften. Die blauen Früchte wirken wie zu groß geratene Schlehen, kommen aber auch in Rot und Gelb vor und sehen dann tatsächlich den Mirabellen sehr ähnlich. Im Gegensatz zur Mirabelle hat die Kirschpflaume jedoch kahle Blütenstiele und Mirabellen sind immer gelb oder rötlich überlaufen. Wenn du die Früchte verzehrst, wirst du merken, dass sich das Fruchtfleisch der Mirabelle leicht vom Kern löst. Das ist bei der Kirschpflaume nicht der Fall.

Die blaue Variante ähnelt etwas zu groß geratenen Schlehenbeeren. Der Geschmack ist viel süßer.

DIE AHNIN DER PFLAUME

Nach heutigen Kenntnissen gelangte die Wildart der Kirschpflaume durch die Araber von Vorderasien nach Europa. Von hier aus führte sie ihr Weg mit den Römern in weitere Teile Europas. Dort wird der Baum seit etwa 400 Jahren kultiviert und dient heute als Veredlungsgrundlage für verschiedene *Prunus*-Arten. In Gärten findest du auch wunderschön blühende rotblättrige Zuchtformen. Aus einer Kreuzung der Kirschpflaume mit der Schlehe entstand die Pflaume.
Du kannst Kirschpflaumen direkt vom Baum naschen, einwecken, Dörrobst daraus herstellen und sie zu leckeren Desserts, Kompott, Marmeladen und Likör verarbeiten. Die Blüten sehen als Dekoration oder kandiert sehr schön aus.

Kirschpflaumen-Konfitüre

500 g Kirschpflaumen mit etwas Wasser weich kochen und das Fruchtfleisch beispielsweise mit der Flotten Lotte von den Kernen trennen. 500 g Gelierzucker und etwas Vanillemark dazugeben, dann aufkochen. Gelierprobe machen und dann in saubere Gläser abfüllen.

BACHBLÜTE „CHERRY PLUM"

In der Bachblütentherapie ist „Cherry Plum" die Blüte für mehr Gelassenheit bei Ängsten vor seelischen Kurzschlusshandlungen und wenn es schwerfällt, innerlich loszulassen. In den Früchten stecken viele Vitamine, Spurenelemente und – besonders in den roten und blauen Sorten – antioxidativ wirkende Farbstoffe.

Sommer-Linde

Tilia platyphyllos · Malvengewächse · Juni–Juli · H 15–30m

MERKMALE: Frei stehende Bäume mit kurzem Stamm und weit ausladender Krone. In dichten Waldbeständen ist der Stamm lang und der Wuchs schmal. Die langgestielten Blätter sind herzförmig, vorne zugespitzt und kerbig gesägt. Sie werden bis zu 15 cm lang und sind wechselständig angeordnet. Leicht behaarte Blattoberseite und helle, weißliche Haarbüschel in den Blattnervenwinkeln auf der Unterseite. Der Blütenstand besteht aus hängenden Rispen mit 2–5 Blüten und einem flügelartigen Tragblatt.
VORKOMMEN: Alleebaum, Dorflinde. Parks, Laub- und Mischwälder.

VERWECHSLUNG: Mit der Winter-Linde *(T. cordata)*. Die Haarbüschel in den Blattnervenwinkeln der Blattunterseite sind braun.

DORF- UND GERICHTSBAUM

Die Linde ist einer der wichtigsten Bäume in der Mythologie. In vielen Sagen, Erzählungen, Gedichten und Liedern wird ihr ausführlich gehuldigt. In vielen Ortschaften stehen Linden als Treffpunkt für Feierlichkeiten und Kommunikation im Zentrum. Unter dem schützenden Blätterdach einer Gerichtslinde wurde allerdings auch Recht gesprochen und das Urteil gelegentlich gleich vollstreckt. Martin Luther soll gesagt haben: „Unter den Linden pflegen wir zu singen, trinken und tanzen und fröhlich zu sein, denn die Linde ist uns Friede- und Freudebaum."

SOMMER- ODER WINTERLINDE?

Sommer- und Winter-Linde kannst du anhand der Farben der kleinen Haarbüschel unterscheiden. Bei der Sommer-Linde sind sie weiß, bei der Winter-Linde braun. Die jungen weichen Blätter beider Arten sind für den Verzehr geeignet. Sie sind reich an Proteinen, Mineralien und Chlorophyll und eignen sich als Beigabe zu Salaten, Spinatgerichten oder einem „wilden" Mixgetränk. Getrocknete Blätter und Blütenknospen lassen sich pulverisiert als Streckmehl verwenden. Die

Oben mit weißen Härchen die Sommer-Linde, unten mit braunen die Winter-Linde.

Blüten eignen sich zur Herstellung von Sirup und zur Aromatisierung von Desserts, Eierspeisen und Getränken.

Lindenblüten-Karottensuppe

500 g Karotten und 200 g Kartoffeln schälen und in mundgerechte Stücke schneiden. Mit etwas Butter andünsten und mit 1 l ungesüßtem Lindenblütentee weich kochen. Fein pürieren, 100 ml Sahne dazugeben und mit Salz und Pfeffer abschmecken.

SCHWEISSTREIBENDER TEE

Die Blüten sind außerdem ein sehr beliebtes Mittel gegen Erkältungskrankheiten mit Fieber, Schnupfen und Kopfschmerzen. Besonders bei Hustenreiz können die enthaltenen Schleimstoffe Linderung bringen. Der Blütentee ist schweißtreibend, soll die körpereigenen Abwehrkräfte steigern und bei nervösen Beschwerden oder Einschlafproblemen Wirkung zeigen. Außerdem wird der Tee zu Spülungen bei Mundschleimhautentzündungen und zur Wundheilung verwendet. Die reifen, getrockneten Früchte werden in Kissenfüllungen als Einschlafhilfe bei Schnupfen genutzt. In die Nähe der Nase gelegt, bringen die ätherischen Öle Linderung.

Mehlbeere

Sorbus aria · Rosengewächse · Mai–Juni · H 6–20 m

MERKMALE: Strauch oder Baum. Die breit elliptischen bis eiförmigen, derben Blätter haben einen bis zu 1,5 cm langen Stiel und sind wechselständig angeordnet. Blattoberseite anfangs wollig behaart später glänzend dunkelgrün, Unterseite weißfilzig behaart. Der Blattrand ist ungleichmäßig doppelt gesägt. Die cremeweißen Blüten stehen in flachen Schirmrispen. Ab September reifen kugelige, bis zu 1 cm große scharlachrote Früchte.
VORKOMMEN: Sonnige, trockene Wälder und Gebüsche. Kalkliebend.
VERWECHSLUNG: Vogesen-Mehlbeere *(S. mougeotii)*, deren Zweige und Knospen kahler sind.

SCHON VON WEITEM ERKENNBAR

Die Mehlbeere ist oft schon von Weitem durch ihre weiß-filzige Blattunterseite zu erkennen. Du findest sie entlang von Waldrändern, Trockengebüschen, Steinriegeln und häufig zusammen mit Kiefern in lichten Trockenwäldern. Augenscheinlich kommt die Mehlbeere mit wärmeren Temperaturen jedoch besser zurecht und übernimmt nun die Standorte der Kiefer. Dabei wird sie offenbar von Vögeln unterstützt. Diese sammeln die Früchte der Mehlbeere und verstecken sie in Spalten in der Rinde der Kiefern. Wenn diese nun vertrocknen und absterben, fallen einige Beeren zu Boden und treiben aus. So verändert sich der Kiefernwald langsam zu einem Mehlbeerenwald.
Die Mehlbeere wächst langsam und kann bis zu 200 Jahre alt werden.

ERST MEHLIG, DANN SÜSS

Wie der Name erahnen lässt, schmecken die Beeren zunächst mehlig. Mit zunehmender Reife werden sie jedoch süßer und aromatischer. Du kannst sie direkt vom Baum pflücken und kosten, sie enthalten fast keine Bitterstoffe und benötigen anders als beispielsweise Schlehen keinen Frost, bevor man sie nutzen kann. Du kannst sie sehr gut als Streckmehl verwenden, indem du sie trocknest und fein mahlst. Es eignet sich zum Backen von Gebäck, Kuchen oder Brot. Ich ersetze maximal 30 Prozent des herkömmlichen Mehls durch Mehlbeerenmehl. Alternativ eignen sich die Beeren auch für ein köstliches Mus, dessen Aroma an Birnen erinnert.
Im Ersten Weltkrieg sollen Kleinkinder mit einem nahrhaften Mehlbeerenbrei ernährt worden sein.
Ein Tee aus den getrockneten Früchten soll bei Durchfall, Nieren- und Menstruationsbeschwerden, Darmträgheit, Katarrh und Husten Verwendung gefunden haben.

Die Blattunterseite ist weiß-filzig behaart. Die silbrige Farbe ist schon von Weitem zu sehen.

Mehlbeerenbrot

Einen Würfel frische Hefe zerbröseln und in 500 ml lauwarmes Wasser einrühren. 700 g Weizen-Vollkornmehl, 300 g Mehlbeerenmehl, 1 TL Salz und 3 EL Sonnenblumenöl dazugeben und zu einem Teig kneten. Zugedeckt etwa 40 Minuten gehen lassen. Noch einmal kneten und 50 g Sonnenblumenkerne untermischen. In eine Kastenform geben und für etwa eine Stunde bei 200 Grad (Ober- und Unterhitze) backen.

Schlehe

Prunus spinosa · Rosengewächse · März–April · H 2–3 m

MERKMALE: Sparrig wachsender, dicht verzweigter, dorniger Strauch. Wuchernder Flachwurzler. Die bis zu 5 cm großen Blätter sind lanzettlich und am Rand fein gezähnt. Sie sind wechselständig, spiralig und häufig in Büscheln angeordnet. Die Blattoberseite ist dunkelgrün, die Unterseite mattgrün. Die weißen Blüten erscheinen ab Ende März vor dem Blattaustrieb. An den fast schwarzen Zweigen wachsen sehr spitze, etwa 2 cm lange Dornen. Die Früchte werden mit zunehmender Reife dunkelblau.

VORKOMMEN: Weg- und Waldränder, verwilderte Weinberge, Hecken, Ödflächen. Wärme- und kalkliebend.

VERWECHSLUNG: Weißdorn *(Crataegus laevigata, Crataegus monogyna)*, dessen Blüten erst nach dem Blattaustrieb erscheinen.

UNDURCHDRINGLICHE HECKE

Schlehenhecken sind undurchdringliche Hindernisse für Marder und Wiesel und somit ein idealer Brutplatz für seltene Vögel wie Neuntöter und Raubwürger, aber auch Amseln. Die üppige Blüte ist für Bienen und Schmetterlinge die erste Nahrungsquelle im Frühjahr, denn Schlehensträucher blühen schon sehr früh im Jahr. Aufgrund der schwarzen Rinde werden sie auch als Schwarzdorn bezeichnet. Sobald die Früchte reif sind, darfst du nicht zu lange warten, denn die Bestände werden manchmal erstaunlich schnell und komplett von Vögeln abgeräumt. Bevor du die Beeren verwendest, sollten sie für ein bis zwei Tage dem Frost ausgesetzt sein. Ist es draußen nicht kalt genug, kannst du sie auch einfrieren. Die bereiften Beeren schmecken überraschend süß und leicht pelzig. Manchmal findest du sie den ganzen Winter über.

REICH AN GERBSTOFFEN

Schlehen sind ein uraltes Nahrungs- und Heilmittel und schon Ötzi trug – neben den Pilzen Birkenporling und Zunderschwamm – Schlehen bei sich. Du kannst mit den Beeren den bekannten und beliebten Schlehenlikör ansetzen oder auch Wein, Sirup, Gelee, Marmelade und Mus herstellen. Die Blüten eignen sich kandiert zum Dekorieren von Süßspeisen, die jungen Blätter können sowohl frisch als auch getrocknet als herbes Gewürz verwendet werden.

Im Winter kannst du die feinen herb-süßlichen Beeren schon draußen naschen.

Eingelegte Schlehen

500 g vollreife Beeren für 1–2 Tage in den Gefrierschrank geben. 1 l Wasser, 400 g Salz, 3 EL Thymian, 2–3 Lorbeerblätter und 5 Nelken aufkochen. Schlehen in ein großes, verschließbares Glas füllen und mit der heißen Salzlake übergießen. Für 6–8 Wochen an einem dunklen Ort stehen lassen. Danach abseihen, die Schlehen auf kleinere Gläser verteilen und mit Olivenöl vollständig bedecken. Kühl und dunkel lagern.

REICH AN GERBSTOFFEN

Bereits in der Antike wurden die Früchte auch als Kräftigungsmittel verwendet. Sie sind reich an Gerbstoffen und wirken antiseptisch und entzündungshemmend. Blüten und Blätter nutzt man in der Volksmedizin als leicht abführendes und harntreibendes Mittel. Den verdünnten Saft verwendet man zum Gurgeln bei Mund- und Rachenentzündungen.

Vogel-Kirsche

Prunus avium · Rosengewächse · April–Mai · H 15–30 m

MERKMALE: Sommergrüner Baum. Die länglich ovalen, zugespitzten Blätter sind grob gezähnt, bis zu 14 cm lang, 8 cm breit und wechselständig angeordnet. Während die Blattoberseite kahl ist, sind die Blattnerven der Unterseite leicht behaart. Unregelmäßig und grob doppelt gesägter Blattrand. Weiße, nach Honig duftende Blüten mit 5 Blütenblättern. Markant ist die Ringelborke mit langen waagrechten Korkwarzenbändern. Die Farbe der runden Kirschen reicht von verschiedenen Rottönen bis schwarz.

VORKOMMEN: Solitärbaum, in Hecken, Laub- und Nadelmischwäldern.

VERWECHSLUNG: Süß-Kirsche *(P. avium)*, deren Früchte deutlich größer sind. Farbe und Fruchtform bei beiden Arten sehr variabel.

HÄUFIGER, ALS VIELE DENKEN

Vogel-Kirschen kommen relativ häufig in der Natur vor. Ihre Früchte werden leider nur selten gesammelt und genutzt, was ich ehrlich gesagt nicht verstehen kann, denn sie schmecken unglaublich lecker. Die Wildkirsche wächst als prächtiger, einzeln stehender Baum an Böschungen, in Hecken, aber genauso in lichten Wäldern. Anhand der typischen Ringelborke kannst du sie leicht erkennen. Die Vogel- oder Wildkirsche gilt als Urform unserer heutigen Süß-Kirsche. Nachweislich kultivierten die Griechen schon im 4. Jahrhundert v. Chr. verschiedene Kirschensorten.

Die Früchte der Süß-Kirschen sind viel größer, schmecken aber weniger aromatisch.

KLEINERE FRÜCHTE

Ab Ende April blühen die Wildkirschen für einige Tage über und über und locken somit viele Bienen, Hummeln und andere Insekten an. Im Juni reifen die ersten, nahezu kugeligen Steinfrüchte, die bis zu 2 cm groß werden. Der Geschmack ist leicht bittersüß, sehr aromatisch und etwas anders, als wir es von den Süßkirschen gewohnt sind. Je nach Reifegrad ändert sich die Farbe der Kirschen, bis sie letztlich fast schwarz sind. Die Früchte kannst du genauso verwenden wie Süßkirschen, also in Kuchen, Desserts, Obstschalen, Gelee, Marmelade, Likör, Lassi, Fruchtsäften oder einem Mixgetränk.

Kirsch-Pudding-Dessert

500 ml Milch aufkochen und das Mark einer Vanilleschote dazugeben. 60 g Zucker, 2 Eigelb, 25 g Speisestärke und 3 EL kalte Milch verrühren. Kochende Milch vom Herd nehmen und Stärkemischung mit dem Schneebesen einrühren. Unter Rühren erneut erhitzen. In Schälchen füllen. Mit gehackten Cantuccini, Wildkirschen und Zimt verfeinern und genießen.

WARMES KIRSCHKERNKISSEN

In der Naturheilkunde werden neben dem Saft die frischen und getrockneten Früchte, die Stiele und die Kerne verwendet. Die Stiele sollen harntreibend sein und Ablagerungen aus den Gelenken schwemmen. Erwärmte Kirschkernkissen speichern die Wärme und helfen bei Bauch- oder Rückenschmerzen, Verspannungen und Muskelkater.

Holz-Apfel

Malus sylvestris · Rosengewächse · April–Mai · H 5–10 m

MERKMALE: Baum, manchmal strauchartiger Wuchs. Die kahlen Blätter sind kerbig gesägt, bis zu 8 cm lang und 5 cm breit. Auch der Stiel und die Blüte sind kahl. Die Blüten sind innen weiß und außen hellrosa. Der drehwüchsige Stamm ist relativ kurz und hat eine graubraune, längsrissige Rinde. Die nur bis zu 4 cm großen, kugeligen Früchte sind gelbgrün und nur auf der Sonnenseite leicht rötlich überhaucht.
VORKOMMEN: Lichte Wälder, verwilderte Hecken und Gebüsche. Nur noch selten zu finden.
VERWECHSLUNG: Mit dem Kultur-Apfel *(M. domestica)*, dessen Blätter und Stiele behaart sind und der viel größere Früchte bildet.

ALTER APFEL

Holz-Äpfel wurden in Mitteleuropa bereits seit der Jungsteinzeit genutzt. Im Gegensatz zu vielen anderen Baumarten finden wir auf diese jedoch keine nennenswerten Hinweise in der Mythologie. Die Kelten und Germanen verarbeiteten die kleinen, harten und herben Früchte zu Mus und Most. Der Saft wurde anschließend zusammen mit Honig zu Met vergoren.

EINE ABSOLUTE RARITÄT

Um meinen ersten echten Holz-Apfel zu sehen, musste ich tatsächlich weit fahren. *Malus sylvestris* zählt mit etwa 5500 Exemplaren zu den seltensten Bäumen in Deutschland. Die besten Chancen, ihn zu finden, hast du bei wilden Hecken, um die sich niemand kümmert. Sonst werden die Bäume meist gefällt, denn ihre Früchte schmecken herb, sauer und holzig.
Beim „echten" Wildapfel fehlt die Behaarung von Blüten und Blättern vollkommen und in der Regel sind ihre Äpfel sehr klein und grün oder gelbgrün gefärbt.
Ein weiteres Merkmal sind die abstehenden Dornen an den Ästen. Die größten bekannten Vorkommen gibt es in Bayern, Thüringen, Niedersachsen, Hessen und im Osterzgebirge. Hier bemüht man sich im Oberen Müglitztal, die Restbestände zu erhalten und neue Bäume zu pflanzen.

Die Früchte der Kulturäpfel sind viel größer und bunt gefärbt.

Holz-Apfel in Schokolade

Vollreife Wildäpfel in dünne Scheiben schneiden oder hobeln und dörren. Die gedörrten Apfelscheiben von beiden Seiten mit geschmolzener Schokolade bestreichen oder in ein Schokobad tauchen. Der süßsaure Geschmack ist einfach köstlich.

BEWÄHRTES HAUSMITTEL

Aufgrund des sauren, adstringierenden Geschmacks eignen sich die Früchte nur beschränkt für die Küche. Durch Kochen kannst du aus dem harten Fruchtfleisch Mus zubereiten.
Im Erzgebirge sind die gedörrten Wildäpfel aufgrund des Vitamin-C-Gehalts ein bewährtes Hausmittel bei Grippe, Fieber und Erkältungen. Sie werden als Tee getrunken und sollen auch als Antibiotika-Ersatz dienen. Außerdem soll der Wildapfel eine entgiftende Wirkung haben.
Die Bachblüte „Crab Apple" richtet sich an Menschen, die sich körperlich oder seelisch verunreinigt fühlen. Sie soll bei Perfektionismus, Reinlichkeitswahn und übertriebener Ordnungsliebe helfen.

Wild-Birne

Pyrus pyraster · Rosengewächse · April–Mai · H 8–20 m

MERKMALE: Als Baum oder strauchförmig wachsend. Die fein gezähnten, kurz zugespitzten, rundlichen bis herzförmigen Blätter sind wechselständig angeordnet und werden bis zu 5 cm lang. Kurztriebe mit Dornen. Die Blattoberseite glänzt, die Unterseite ist blaugrün und nicht filzig behaart. Die Früchte erreichen einen Durchmesser von 1,5–3,5 cm und können rund oder eiförmig sein. Oft drehwüchsiger Stamm mit markant rauten- oder würfelförmig gefelderter, teilweise auch schuppiger Borke. Herbstfärbung in verschiedenen Rot-, Violett- und Gelbtönen.
VORKOMMEN: Sonnige Hecken, lichte Mischwälder, Solitärbaum.

VERWECHSLUNG: Kultur-Birne *(P. communis)*, Kurztriebe ohne Dornen.

ZWEI UNTERARTEN

In unseren Breiten wurden die Früchte der Wild-Birne schon in Pfahlbauten aus der Jungsteinzeit gefunden. Die Urform der Kultur-Birne stammt ursprünglich aus Persien und Armenien und die Römer befassten sich bereits um 300 n. Chr. intensiv mit der Züchtung neuer Birnensorten.

Eine „echte“ Wild-Birne in der Natur zu finden, ist allerdings nicht einfach, denn es gibt viele Bastarde, also Kreuzungen von Wild- und Kultur-Birne. Mit etwas Glück kannst du den seltenen Baum noch in alten Hecken aufspüren, zum Teil auch als Solitärbaum in der freien Landschaft. Im Internet findest du Hinweise auf seltene und geschützte Bäume in deiner Region. Meist sind diese als Naturdenkmale ausgewiesen und gekennzeichnet. Auch Wild-Birnen sind darunter.

Neben der Größe der Früchte sind die Dornen an den Kurztrieben ein wichtiges Merkmal. Bei der Wild-Birne unterscheidet man zwei Unterarten: Die sogenannte Knödel-Birne (ssp. *pyraster*) mit runden und die Holz-Birne (ssp. *achras*) mit den typischen länglichen Früchten.

Die runden oder birnenförmigen Früchte erreichen maximal 3,5 cm im Durchmesser.

WILD UND HERB

Die Früchte schmecken „wild“, sehr herb und wirken aufgrund der enthaltenen Gerbstoffe zusammenziehend. Mit zunehmender Reife werden sie teigig und dann schmackhafter. Du kannst sie zur Zubereitung von Marmelade, Gelee, Saft, Wein oder getrocknet als Dörrobst und Tee nutzen. Die Blütenblätter eignen sich zum Kandieren.

Wild-Birnen-Mus

Wild-Birnen waschen und mit etwas Wasser in einem Topf weich kochen. Durch die Flotte Lotte drehen, um das Fruchtfleisch von Kernen und Schale zu trennen. Nach Bedarf Zucker zugeben. Das Mus schmeckt lecker mit etwas Sahne, Nüssen und Zimt.

SCHONKOST

Gekochte Birnen sind auch als Heil- und Diätkost bekannt. Als Kompott zubereitet können sie den Magen stärken und sollen auch Herz-Kreislauf-Erkrankungen positiv beeinflussen. Die Birnenblüten finden in der Volksmedizin Anwendung bei Nierenbeckenentzündungen, die frischen Blätter werden bei Verdauungsbeschwerden und bei Infektionen der Harnwege genutzt.

Stiel-Eiche

Quercus robur · Buchengewächse · Mai–Juni · H 20–40 m

MERKMALE: Meist knorriger Wuchs. Die Blätter sind wechselständig angeordnet, rautenförmig, unregelmäßig gelappt bzw. gebuchtet und fallen im Herbst zu Boden. Männliche Blüten in gelb-grün gefärbten, schlaff hängenden Kätzchen, weibliche in langgestielten Ähren an den Trieben. Glatte, helle Borke bei jungen Bäumen. Wird der Baum älter, wird diese dick, rau, furchig und dunkel- bis braungrau. Bis zu 3 cm lange Eicheln, die von einem langstieligen Fruchtbecher gehalten werden.

VORKOMMEN: Wälder, Parks, auch als Solitärbaum.

VERWECHSLUNG: Mit der Trauben-Eiche *(Q. petraea)*, deren Blätter regelmäßig gelappt sind und meist erst im Frühjahr fallen.

MAGISCHE EICHE

Die Eichenarten lassen sich an den Blättern unterscheiden. Die Blätter der Stiel-Eiche sind rautenförmig, die Blattstiele kurz. Die Trauben-Eiche hat längere Stiele, die Blattränder sind eher parallel. Eichen können bis zu 1000 Jahre alt werden und einen Umfang von über 10 m aufweisen. Für die Hochkulturen der Römer, Griechen, Kelten und Germanen war die Eiche ein heiliger und magischer Baum. Er stand als Sinnbild für Stärke, Standhaftigkeit, Wahrheit, Weisheit und Heldentum und wurde besonders mit den Gewittergöttern in Verbindung gebracht. Eicheln waren für unsere Vorfahren nicht nur eine wichtige Stärke-, Eiweiß- und Fettquelle für den eigenen Bedarf, sondern dienten auch zur Schweinemast. Du kannst Eicheln zu Mehl vermahlen und es vermischt mit Getreidemehl weiterverarbeiten. Ich habe damit schon Frikadellen und Kuchen zubereitet. Aus den getrockneten, jungen Blättern kannst du ebenfalls Streckmehl herstellen.

Energiekugeln mit Eichelmehl

Eicheln schälen und für einige Tage in Wasser einlegen. Das Wasser immer wieder wechseln bis es klar bleibt. Die Eicheln anschließend trocknen, rösten und grob hacken oder zu Mehl mahlen. Energiekugel-Teig nach Grundrezept (S. 99) zubereiten und Eichelstücke oder -mehl dazugeben. Mit ihren Proteinen, Fetten, Kohlenhydraten sowie Stärke und Mineralien bringen sie zusätzliche Power.

Das Blatt der Trauben-Eiche (oben) ist deutlich regelmäßiger gelappt als das der Stiel-Eiche (unten).

ZUSAMMENZIEHENDE WIRKUNG

In der Heilkunde wird die getrocknete Rinde junger Zweige aufgrund der enthaltenen Gerbstoffe und ihrer zusammenziehenden, entzündungshemmenden, blut- und juckreizstillenden Wirkung verwendet. Auf sanfte Weise soll die Bachblüte „Oak" bei krankhaften Störungen, die mit Unnachgiebigkeit, Verausgabung, Verbissenheit und einem übertriebenen Pflichtbewusstsein einhergehen, Hilfe leisten.

EICHEN-BEGLEITER

In der Nähe von Eichen findest du ihre Pilz-Partner, beispielsweise die essbaren Eichen-Rotkappen, Sommer-Steinpilze, den Eichhasen, den Eichen-Filzröhrling und den Leberreischling, aber auch den tödlich giftigen Grünen Knollenblätterpilz.

Elsbeere

Sorbus torminalis · Rosengewächse · Mai–Juni · H 15–25 m

MERKMALE: Sommergrüner Baum. Die Blätter sind im Umriss breit, eiförmig, mit jeweils 3–4 zugespitzten Lappen an den Seiten. Sie haben einen bis zu 6 cm langen Stiel und einen gesägten Rand. Die Oberseite ist grün glänzend, die Unterseite hell graugrün. Die Blüte besteht aus 6–10 cm breiten Trugdolden mit meist 30–40 Einzelblüten. Aus den Blütenständen entstehen 5–10 kugelige und bis 1,5 cm große, rötlichbraune Früchte mit zahlreichen weißen Pünktchen.

VORKOMMEN: Waldränder, Parks, ziemlich selten. Wärmeliebend.

VERWECHSLUNG: Die Blätter haben Ähnlichkeit mit verschiedenen Ahornarten und dem Weißdorn.

WÄRMELIEBENDE BAUMART

In Deutschland liegt der Verbreitungsschwerpunkt der Elsbeere im unterfränkischen Muschelkalk. Sie kann bis zu 300 Jahre alt werden und ist das größte heimische Rosengewächs. Das Holz der Elsbeere ist eines der edelsten und teuersten und bei Schreinern, Drechslern und Musikinstrumentenbauern aufgrund seiner Belastbarkeit, Elastizität und Festigkeit sehr begehrt. Als wärmeliebende Art wird sie sich in den nächsten Jahrzehnten vermutlich weiter ausbreiten.

Die Blätter haben einen langen Stiel, zugespitzte Lappen und einen gesägten Rand.

AUFWENDIGE ERNTE

Zwischen Juli und September reifen die süßlich-sauer schmeckenden, Vitamin-C-reichen Früchte der Elsbeere. Die Ernte ist aufwendig, denn die Beeren fallen nicht von allein vom Baum, sondern müssen einzeln mit Leitern geerntet werden. Von Martin Luther ist bekannt, dass er die Elsbeere wohl sehr schätzte. In einen Brief bat er seinen Freund Johannes Agricola, „doch noch mehr von den köstlichen Früchten zu schicken.“ Du kannst sie zur Herstellung von Schokolade, Nudeln, Kuchen, Torten und Keksen verwenden oder getrocknet in dein Müsli geben. In Niederösterreich gibt es eine Region, in der ein sehr teurer Elsbeeren-Branntwein hergestellt wird – kein Wunder bei der aufwendigen Ernte, denn für die Herstellung von 2 l Schnaps werden 100 l Maische benötigt.

Elsbeerensuppe

30 g Lauch und 1 Schalotte in kleine Würfel schneiden und in 10 g Butter anschwitzen. Ca. 50 g frische und 50 g gehackte, getrocknete Elsbeeren sowie 1 Lorbeerblatt dazugeben und schmoren bis alles glasig ist. Auskühlen lassen und mit 1 l kalter Rinder- oder Hühnerbrühe aufgießen, mit Salz und Pfeffer würzen und aufkochen lassen. Verfeinern mit Kräutern nach Wahl.

RUHRBIRNE

In der Heilkunde scheint die Elsbeere keine große Rolle zu spielen. Mir sind lediglich Anwendungen bei Bauchschmerzen und bei ansteckenden Durchfallerkrankungen bekannt. Davon leitet sich auch der Artname *torminalis* (lat.: *tormina* für Bauchschmerzen) ab. Die gerbstoffhaltigen Früchte wurden früher zur Linderung von Bauchschmerzen und der Roten Ruhr verwendet. Daher auch der Name „Ruhrbirne“.

Spitz-Ahorn

Acer platanoides · Seifenbaumgewächse · März–Mai · H 15–30m

MERKMALE: Die gegenständig angeordneten und bis zu 18 cm breiten Blätter sind 5–7-lappig mit zugespitzten Zähnen. Der milchsaftführende Blattstiel ist 3–20 cm lang und an der Basis kugelig verdickt. Imposante, gelblich grüne Blüte vor dem Blattaustrieb. Spaltfrucht mit 4–6 cm langen Flügeln. Anfangs hellgraue und glatte Rinde, später dunkelgrau und längsrissig. Beeindruckende gelborange Herbstfärbung.

VORKOMMEN: Sonnige Wälder, Auwälder, Parkanlagen, Alleen.

VERWECHSLUNG: Berg-Ahorn *(A. pseudoplatanus)*, Blätter ohne zugespitzte Zähne. Feld-Ahorn *(A. campestre)*, Blätter abgerundet und kleiner. Platane *(Platanus × hispanica)*, Blätter wechselständig, kugelige Früchte, abblätternde Borke.

FRIEDENSBAUM

Archäologische Ausgrabungen brachten zum Vorschein, dass Ahornholz ein wichtiger Holzlieferant für unsere Vorfahren war. So wurden beispielsweise die Stelzen und Pfähle von Pfahlbausiedlungen daraus hergestellt. Die Germanen sahen im Ahorn auch ein Symbol für Freiheit und Frieden und hielten daher Friedensverhandlungen unter diesen Bäumen ab. Weltweit existieren 150 verschiedene Ahornarten, nur vier davon finden wir in unseren Gefilden. Am seltensten ist der Französische Ahorn (*A. monspessulanum*), der nur in sehr warmen Regionen wächst, beispielsweise in der Pfalz, Südbaden, im Main- und Saaletal.

Spitz-Ahorn (oben), Berg-Ahorn (rechts), Feld-Ahorn (links) und Französischer Ahorn (unten).

SCHMACKHAFTER SPITZ-AHORN

Von den heimischen Ahornarten ist der Spitz-Ahorn am schmackhaftesten. Kurz vor dem Blattaustrieb von Februar bis Mai ist es an der Zeit, den Ahornsaft zu ernten. Hast du die Erlaubnis dazu, kannst du vorsichtig ein Loch in den Stamm bohren, bis der Saft herausfließt. Ein Plastikschlauch mit 20-25 mm Durchmesser eignet sich gut, um ihn in ein Glas zu leiten.

Ahornkeimlinge

Keimlinge sammeln, säubern und aus der Samenhülle nehmen. In einem Sieb unter fließendem Wasser noch einmal gründlich durchspülen. Sie passen gut als Beilage zu Salaten. Den etwas bitteren Geschmack kann man mit einer süßeren Salatsoße, etwas Agavendicksaft, Honig oder Zucker abmildern.

Du kannst den Saft direkt trinken oder ihn langsam erhitzen und zu Sirup eindicken. Auch Essig und Wein lässt sich daraus herstellen. Von Mitte Februar bis Anfang März findest du die jungen Ahornkeimlinge. Ab März lassen sich zudem die jungen Blätter und Blüten in Salaten, Gemüsegerichten, Gemüsesuppen oder einem leckeren Smoothie verwenden. Die unreifen, noch zarten Früchte kannst du direkt nach der Blüte sammeln und in Salzlake oder Essig einlegen. Die ausgereiften Samen eignen sich als Bestandteil von Gemüsegerichten.

In der Volksmedizin wurde Ahorn als Tee getrunken. Aufgrund seiner kühlenden und abschwellenden Eigenschaften wurde er auch in Umschlägen bei Fieber, Geschwüren, Prellungen, Insektenstichen, schweren Beinen und Wadenkrämpfen angewendet.

Eingriffliger Weißdorn

Crataegus monogyna · Rosengewächse · Mai–Juni · H 2–6 m

MERKMALE: Stark verzweigter, dorniger Strauch oder mehrstämmiger Baum. Die 3–7-teiligen Blätter sind stumpf grün, wechselständig angeordnet und bis weit über die Blattmitte geteilt. Der Blattrand ist gesägt oder gekerbt. Weiße Blüten mit nur einem Griffel. Die Rinde ist dunkelbraun mit orangefarbenen Sprüngen. Kugelige, etwa erbsengroße rote Früchte mit einem Kern.
VORKOMMEN: Sonnige, kalkhaltige und lehmige Standorte. Entlang von Hecken, Waldrändern oder als Solitärstrauch.
VERWECHSLUNG: Zweigriffliger Weißdorn *(C. laevigata)*, dessen Blätter 3–5-teilig und nur bis zur Mitte geteilt sind. Die Blüte besitzt 2–3 Griffel, die Frucht 2–3 Kerne. Ebenso verwendbar.

SCHÜTZENDE HECKEN

Weißdornhecken stellen für Wildtiere ein fast unüberwindliches Hindernis dar und so ist es nicht verwunderlich, dass sie über Jahrhunderte die Siedlungen unserer Vorfahren begrenzten und schützten. Darauf weist auch der alte Name „Hagedorn" hin, der Hecke oder Umzäunung bedeutet. Zusätzlich konnten die Menschen das äußerst harte Holz zum Werkzeug- und Waffenbau nutzen.

ZWEI ARTEN UND MEHR

Der Ein- und der Zweigrifflige Weißdorn unterscheiden sich, wie der Name vermuten lässt, in der Anzahl der Griffel der Blüten sowie in der Blattform und der Anzahl Kerne in den Früchten. Beide Arten bilden allerdings häufig Hybride oder Bastarde mit der jeweils anderen Art. Dann kommen Merkmale beider Arten an einem Strauch vor oder die Blattformen gehen ineinander über. Nutzen kannst du sie jedoch alle auf dieselbe Weise.

Die Blätter des Zweigriffligen Weißdorns sind 3–5-teilig, die ähnliche Frucht hat zwei Kerne.

HERZSTÄRKEND

Die mehligen, säuerlich-süß schmeckenden Beeren kann man roh verzehren, aber auch Mus daraus herstellen. Die Beeren in Wasser weich kochen und durch ein Sieb streichen oder die Kerne mit der Flotten Lotte vom Fruchtfleisch trennen. Sie eignen sich außerdem für Kompott, Marmelade oder Likör. Junge Triebe und Blätter passen mit ihrem nussartigen Geschmack als Beigabe zu Salaten. Die kandierten weißen Blüten kannst du zur Dekoration in süßen Desserts verwenden.

Es gibt kein besser erforschtes Naturheilmittel zur Herzstärkung und bei nachlassender Leistungsfähigkeit als den Weißdorn. Die Blätter, Blüten und Früchte werden in Form von Tabletten, Tee oder Tinkturen verwendet. Sie verbessern die Durchblutung des Herzmuskels, normalisieren die Herzschlagfrequenz, schützen die Herzkranzgefäße und steigern die Sauerstoffversorgung.

Weißdorn-Eis

150 g Weißdornbeeren über Nacht einfrieren, dann zusammen mit 350 ml Sahne und dem Mark einer Vanilleschote aufkochen. 50 g Zucker zugeben, etwas abkühlen lassen und durch ein Sieb streichen oder die Flotte Lotte drehen. Pürieren und unter Rühren 3 frische Eigelb zufügen. In der Eismaschine gefrieren lassen.

Brombeere

Rubus fruticosus · Rosengewächse · Mai–August · H 1–3 m

MERKMALE: Laubblätter in Blattstiel und Blattspreite gegliedert und unpaarig 3-, 5- oder 7-zählig gefiedert. Blattoberseite dunkelgrün, Blattunterseite heller. Die Blätter verbleiben bis ins Frühjahr an den Zweigen. Die Blüten sind weiß, seltener rosa, und 5-zählig. Rinde grün bis graubraun bzw. rotviolett, mit vielen Stacheln. Weitere Blüten und reife Früchte oft zur gleichen Zeit am Strauch. Die Frucht ist eine sogenannte Sammelfrucht, die aus 20–50 kleinen Steinfrüchtchen besteht.

VORKOMMEN: Hecken, Waldränder. Pioniergewächs.

VERWECHSLUNG: Mit der Kratzbeere *(R. caesius)*, deren Früchte blau und bereift sind.

ZAHLLOSE UNTERARTEN

Brombeeren wachsen sehr schnell, wenn sie die Gelegenheit bekommen. Manche Wälder, in denen ich seit Jahrzehnten gut Pilze sammeln konnte, sind durch intensiven Holzeinschlag so lichtdurchflutet geworden, dass die Brombeeren auf dem Waldboden in kürzester Zeit zu einem undurchdringlichen Hindernis wurden. Die Bestimmung der exakten Art ist schwierig, denn in Europa soll es über 2000 Unterarten geben – für Speisezwecke sind sie alle geeignet.
Für die blauschwarze Farbe der Haut und den roten Saft der Beeren sind Anthocyane verantwortlich, sekundäre Pflanzenstoffe, die die Pflanze schützen und Tiere anlocken sollen. Brombeeren sind echte Vitaminbomben, sie liefern Vitamin C, E und viele Mineralien. Außerdem gehört der Gehalt an Provitamin A zu den höchsten unter den Beerenfrüchten.

EMPFINDLICHE FRÜCHTE

Die Früchte sind sehr empfindlich und du solltest schon beim Sammeln und dem Transport nach Hause die nötige Vorsicht walten lassen, damit sie nicht aufplatzen. Sie eignen sich vorzüglich zu Herstellung von Marmelade, Gelee, Wein, Likör, Kuchen, Torten, Eis, Rumtopf oder Mixgetränken. Junge Blätter mit weichen Stacheln können im Wildkräuterspinat, Gemüse und Salat verwendet werden. Die Blätter können außerdem zusammen mit den Blüten aufgegossen und als Tee getrunken werden. Die Blüten eignen sich auch zum Kandieren.

Die Früchte der Kratzbeere sind blau bereift und lassen sich so gut unterscheiden.

Brombeer-Likör

200–300 g frische Brombeeren, 200 g Kandiszucker, 1 Vanilleschote und 1 l Wodka. Zucker, Vanilleschote und Brombeeren in eine schöne Flasche geben und mit Wodka auffüllen. Für etwa 6 Wochen ziehen lassen. Ein traumhaft schmeckender Likör!

HEILMITTEL GEGEN LEICHTE ENTZÜNDUNGEN

In der Heilkunde nutzt man die vor der Blüte gesammelten Blätter, aber auch Blütenknospen und Früchte. Ihre wichtigsten Inhaltsstoffe sind Gerbstoffe, Flavonoide, Zitronensäure und Vitamin C. Der Tee wirkt adstringierend, blutzuckersenkend, harntreibend, blut- und wundreinigend und wird bei Entzündungen im Bereich der Mund- und Rachenschleimhaut, zur Kräftigung des Zahnfleischs sowie bei Durchfallerkrankungen verwendet.

Himbeere

Rubus idaeus · Rosengewächse · Mai–Juli · H 1–2 m

MERKMALE: Die Ruten treiben jedes Jahr neu aus dem überwinternden Wurzelstock aus, der auch Rhizom genannt wird. Wechselständig angeordnete, 3–7 zählige, gezähnte und gefiederte Blätter. Weißfilzige Blattunterseite, dunkelgrüne Oberseite. Weiße Blüten in doldenförmigen Blütenständen. Die roten Früchte werden nur bis zu 1 cm groß. Sie sind sogenannte Sammelsteinfrüchte, welche sich aus vielen kleinen Einzelfrüchten zusammensetzen.
VORKOMMEN: Waldränder, Gebüsche, Lichtungen, Schutthalden.
VERWECHSLUNG: Mit der Brombeere *(R. fruticosus)*, deren Früchte schwarz sind, und der Steinbeere *(R. saxatilis)*, deren Früchte nur aus 2–6 Einzelfrüchten bestehen.

SUCHE NACH DEN WILDEN HIMBEEREN

Die meisten Menschen kennen Himbeeren eher aus dem Garten als aus der Natur. Hier wachsen sie gern entlang von Heckensäumen und Wegen oder in lichten Wäldern und werden nur etwa halb so groß wie die Zuchtformen. Der äußerst aromatische Geschmack macht das allerdings mehr als wett.
Am liebsten esse ich die reifen Früchte bei meinen Streifzügen durch die Natur gleich frisch vom Strauch. In meinem Rucksack habe ich aber auch immer eine kleine Box dabei. Finde ich doch einmal zu viele Beeren, bin ich direkt vorbereitet und kann sie behutsam nach Hause transportieren. Die Beeren kannst du genauso nutzen wie Gartenhimbeeren. Sowohl frisch und als auch eingefroren eignen sie sich für Mixgetränke, Lassi, Kuchen, Eis, Essig, Gelee, Soße, Sorbet, Grütze oder zum Ansetztén eines Wildbeerenlikörs. Dass „wilde" Himbeeren sehr gesund sind und lecker schmecken, wissen die Menschen bereits seit der Steinzeit, wie archäologische Funde belegen konnten. Schon im Mittelalter wurden sie in Klöstern kultiviert und als Nahrung und zu Heilzwecken genutzt.

Himbeersuppe

300 g Himbeeren für ca. 5 Minuten in ⅛ l eines dunklen Fruchtsaftes köcheln lassen. Abkühlen lassen und durch ein Sieb passieren, um die Kerne zu entfernen. Mit Honig und etwas Vanille verfeinern. Passt wunderbar zu Haferbrei beim Frühstück oder zu Vanilleeis.

Die noch unreifen, roten Brombeeren können mit Himbeeren verwechselt werden.

GESUNDE FRÜCHTE

Die Bedeutung einer gesunden Ernährung rückt immer mehr in den Mittelpunkt zahlreicher Studien. Beeren spielen dabei aufgrund des beachtlichen Gehalts an sekundären Pflanzenstoffen eine besonders wichtige Rolle. Neuere Forschungen beschäftigen sich vor allem mit der Wirkung der Antioxidantien, die in Himbeeren enthalten sind. Auch meine persönlichen Erfahrungen sprechen für die positiven Effekte von Wildbeeren auf die Gesundheit. Ich hatte Probleme mit den Blutgefäßen meiner Augen und trinke seit einigen Jahren täglich 20 ml eines hoch konzentrierten Beerensafts unter anderem aus Himbeeren. Mein Problem hat sich damit in Luft aufgelöst. Die Blätter finden als Tee bei leichten Durchfallerkrankungen sowie bei Entzündungen im Mund- und Rachenraum Verwendung.

Schwarzer Holunder

Sambucus nigra · Holundergewächse · Mai–Juni · H 3–7 m

MERKMALE: Die unpaarig gefiederten Blätter sind gegenständig angeordnet und haben 5–7 Fiederblättchen. Sie haben einen gezähnten Rand und verströmen beim Zerreiben einen sehr markanten Geruch. Oft bleiben sie bis in den Winter am Strauch, ohne sich zu verfärben. Stark duftende Blüten in teils hängenden, teils aufrechten, großen, flachen und schirmähnlichen Dolden. Die violett-schwarzen, kugeligen, etwa erbsengroßen Beeren reifen ab August an den nun hängenden Dolden mit rötlichen Stielen.

VORKOMMEN: Waldränder, Mischwälder, Hecken, Gärten, Solitärstrauch. Wärmeliebend.

VERWECHSLUNG: Zwerg-Holunder *(S. ebulus)*, dessen Beeren giftig sind und nicht hängen, sondern aufwärts gerichtet sind. Die Blätter mit Eschen.

SCHUTZBAUM DER HÄUSER

Berichte über den Holunder gehen bis in die Antike zurück. Bei den Germanen war es selbstverständlich, dass ein stattlicher Holunderbusch ganz in der Nähe des Hauses wuchs. Zum einen diente er als Schutzbaum, der Unheil von den Bewohnern abhalten sollte, daher durfte sein Holz nie verfeuert werden. Zum anderen waren Rinde, Blätter, Blüten und Früchte zugleich Nahrung und Medizin. Beim Besuch von Freilichtmuseen mit alten Gehöften kannst du diesen Brauch auch heute noch sehen.

NICHTS FÜR DEN ROHVERZEHR

In den Monaten Juni bis Juli kannst du die weißen Blütendolden ernten und zu Gelee und Sirup verarbeiten oder in der Pfanne in Teig ausbacken. Vergiss nicht, einige Dolden für den winterlichen Erkältungstee zu trocknen. Ab Ende August reifen die ersten Beeren. Noch grüne, unreife sowie rohe Exemplare sind nicht für den Verzehr geeignet, denn sie enthalten den Giftstoff Sambunigrin, der zu Durchfall und Erbrechen führen kann. Beim Erhitzen zerfällt er allerdings. Aus den reifen schwarzen Beeren kannst du köstliche Marmelade, Sirup oder Saft herstellen. Am Holunder findest du außerdem das Judasohr (S. 248). Möchtest du einen Holunderstrauch in den Garten pflanzen, sind die Zuchtformen Sampo und Haschberg sehr zu empfehlen. Diese haben größere Blütendolden und die Beeren reifen gleichzeitig.

Die giftigen und sehr ähnlichen Beeren der Zwerg-Holunders stehen aufrecht.

Holunderblüten-Sirup

3 l Wasser erhitzen und 300 g Zucker darin auflösen. Etwas abkühlen lassen. Je nach Größe 20–40 Holunderblütendolden in ein verschließbares Gefäß geben und mit dem Zuckerwasser übergießen. Den Saft einer halben Bio-Zitrone und eine in Scheiben geschnittene Bio-Limette dazugeben. 4–5 Tage stehen lassen und immer wieder umrühren. Abseihen, erhitzen und in vorgewärmte Flaschen füllen.

IMMUNSYSTEM STÄRKEND

Seit Jahrhunderten werden Holunderblüten und -beeren gegen Fieber und Erkältungskrankheiten sowie als Schwitzkur und Schleimlöser erfolgreich eingesetzt. Die Beeren sind reich an Vitamin C und steigern deine Abwehrkräfte. Wichtig: den Beerensaft nur erwärmen, damit das wertvolle Vitamin C nicht zerstört wird.

Hunds-Rose

Rosa canina · Rosengewächse · Mai–Juni · H 1–3 m

MERKMALE: Schnellwüchsiger Strauch. Ausbreitung am Standort über weitreichende Wurzelausläufer. Die Triebe haben sichel- oder auch hakenförmige, spitze Stacheln. Die kahlen, am Rand gezähnten, unpaarig gefiederten Blätter bestehen aus 3–7 Einzelblättchen und können bis zu 12 cm lang werden. Blattoberseite dunkelgrün, Unterseite heller. Die bis zu 5 cm breiten, weißen und rosafarbenen, duftenden Blüten haben 5 Blütenblätter. Die roten oder orangefarbenen Hagebutten sind elliptisch, länglich und etwa 1–2 cm groß.
VORKOMMEN: Hecken, Weg- und Waldränder, Ödland.

VERWECHSLUNG: Mit anderen Wildrosenarten, die du genauso verwenden kannst.

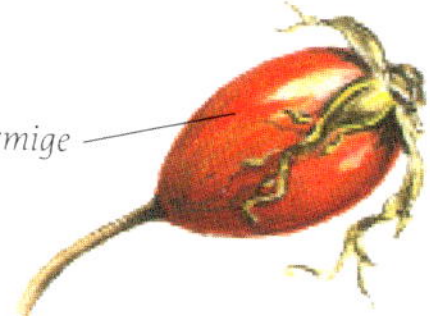

SYMBOL DER LIEBE

In den großen Kulturen spielen Rosen zum Teil ganz unterschiedliche Rollen. Im Islam sind sie heilig, in der griechische Mythologie verdankt die Liebesgöttin Aphrodite der Hagebutte ihre Schönheit und für die Germanen waren die Blüten ein Symbol für die weiterlebende Seele. Goethe soll gesagt haben, sie sei „das Vollkommenste, das die Erde in unserem Klima hervorgebracht hat".
Am bedeutendsten ist die Rose wohl als Symbol der Liebe.

BLÜTEN UND HAGEBUTTEN

Von Mai bis Juni kannst du die Blüten sammeln und zu leckerem Likör, Blütenzucker, -sirup, -gelee und Rosenbutter verarbeiten oder sie vorsichtig kandieren. Am besten geeignet sind die frühen Morgenstunden an einem sonnigen Tag. Die jungen Blätter können in Eintöpfen, Suppen oder Gemüsegerichten Verwendung finden.
Im Herbst und bis in die Wintermonate hinein hängen die Hagebutten an den langen Zweigen. Zusammen mit dem Sanddorn weisen sie den höchsten Vitamin-C-Gehalt unter den heimischen Wildfrüchten auf. Je später du sie pflückst, desto süßer schmecken sie. Aus ihnen wird die leckere Hagebuttenmarmelade hergestellt.

Hagebuttenmarmelade

3 kg Hagebutten entweder nach dem ersten Frost sammeln oder kurz einfrieren. Hagebutten für etwa 15 Minuten in 1 l Wasser köcheln lassen und die Masse dann durch ein Sieb streichen oder mit der Flotten Lotte das Mus von den Kernen trennen. 1,5 kg Gelierzucker 2:1 unter ständigem Rühren hinzugeben und noch mal erhitzen. Anschließend in saubere Gläser füllen.

Hagebutten hängen bis in den Winter noch am Strauch. Sie werden nach und nach immer süßer.

HEILKRÄFTIGE ROSE

Die getrockneten Hagebutten findest du in zahlreichen Teemischungen vor allem für die Anwendung bei Erkältungskrankheiten und Frühjahrsmüdigkeit. Zwei gestrichene Esslöffel getrocknete und zerkleinerte Hagebutten mit 500 ml Wasser aufgießen und 5 – 10 Minuten ziehen lassen. Ein Tee aus den Kernen (Kernlestee) wird gern bei Blasen- und Nierensteinen getrunken. Tee aus den Rosenblüten soll bei Entzündungen im Mund- und Rachenraum sowie bei Nervosität, Kopf- oder Regelschmerzen helfen.

Speierling

Sorbus domestica · Rosengewächse · Mai–Juni · H 15–20 m

MERKMALE: Langsam wachsender Baum. Die bis zu 30 cm langen Blätter ähneln denen der Eberesche. Sie sind unpaarig gefiedert, wechselständig angeordnet und anfangs weißwollig behaart. Das farbenprächtige Herbstlaub leuchtet gelb bis orange. Rispenförmige Trugdolden mit weiß-rötlichen Blüten. Die apfel- oder birnenförmigen Früchte reifen ab Ende September. Je nach Reifestadium sind sie grün, gelb, rötlich und zuletzt braun.
VORKOMMEN: Bevorzugt kalkhaltige Lössböden, Eichen-Hainbuchenwälder, milde Weinbaugebiete. Sehr wärmeliebend.

VERWECHSLUNG: Mit der Eberesche, Vogelbeere *(S. aucuparia)*, die rote Beeren hat.

SONNENANBETER

Seit über tausend Jahren wird der Speierling als Obstbaum kultiviert. Aufgrund seines hohen Lichtbedarfs und des langsamen Wachstums hat er im dichten Wald keine guten Chancen. Von 2010–2013 wurden im deutschsprachigen Raum nur 2500 natürlich vorkommende, sortenreine Speierling-Exemplare kartiert. Somit zählt dieser Baum zu den Raritäten in Deutschland, Österreich und der Schweiz. Größere Bestände gibt es in den Streuobstgebieten und Weinbauregionen von Rhein, Neckar, Mosel, Taunus und Unterfranken.
Speierlingsholz ist selten und teuer. Es wird als kostbares Furnier unter dem Namen „Schweizer Birnbaum" gehandelt. Das Holz wurde auch zum Bau von Musikinstrumenten wie Schalmeien, Orgelflöten und Gitarren verwendet.

BESTANDTEIL VON ÄPPELWOI

Besonders in Hessen ist der Speierling ein angesehener Obstbaum. Bei der Herstellung des bekannten Äppelwoi werden bis zu 3 Prozent der Früchte beigemischt. Da der Baum äußerst wärmeliebend ist und Trockenheit gut verkraftet, wird seine Bedeutung als Klimawandelgehölz

Speierling-Mus

500 g Speierling-Früchte in 100 ml Wasser weichkochen. Mit einem Löffel durch ein nicht zu feines Sieb streichen oder die Flotte Lotte verwenden, um das Fruchtfleisch von den Kernen zu trennen. Das warme Mus mit Vanille, Zimt und Zucker verfeinern.

Die Blätter der Vogelbeere sind denen des Speierlings sehr ähnlich, allerdings hat sie rote Früchte.

bei steigenden Temperaturen sicherlich zunehmen.
Möchtest du die herben, birnenförmigen Früchte roh verzehren, solltest du bis zur Vollreife warten. Vermutlich hat der Speierling seinen Namen bekommen, weil man sonst geneigt ist, die Früchte gleich wieder „auszuspeien". Sie eignen sich zur Herstellung von Mus, Gelee, Kompott, Most und Likör. Zudem können aus ihnen edelste Brände destilliert oder Wein hergestellt werden. Auch als Bestandteil eines Rumtopfs schmecken sie sehr gut.

GUT FÜR MAGEN UND DARM

Die Früchte enthalten nicht nur Vitamin C, sondern auch Gerbstoffe und wirken adstringierend. Sie wurden deshalb gerne als volkstümliches Hausmittel bei Magen- und Darmbeschwerden, Durchfall und Ruhr eingesetzt.

Eberesche, Vogelbeere

Sorbus aucuparia · Rosengewächse · Mai–Juni · H 10–15 m

MERKMALE: Sommergrüner, mehrstämmiger Strauch oder wenig verzweigter Baum mit auffallend lichter, ovaler bis rundlicher Krone. Die Blätter können bis zu 20 cm lang werden. Sie sind unpaarig gefiedert, bestehen aus 9–19 Fiedern und sind wechselständig angeordnet. Die Blattoberseite ist mattgrün und anliegend behaart, die Unterseite dicht graufilzig. Weiße Blütendolden mit einem markanten Geruch. Erbsengroße orange bis korallenrote Früchte.
VORKOMMEN: Waldränder, Gärten und Parks, Solitärbaum.
VERWECHSLUNG: Gemeine Esche *(Fraxinus excelsior)*, mit ähnlich gefiederten Blättern und geflügelten Nussfrüchten, und Mehlbeere *(S. aria)*, mit ähnlich kugeligen Früchten, aber ohne gefiederte Blätter.

Die Früchte der Mehlbeere sind ähnlich, jedoch nicht die Blätter.

BEEREN ZUM VOGELFANG

Der Name Vogelbeere ist treffend gewählt, denn früher nutzten die Menschen die verlockend roten Beeren, um Vögel zu fangen. Der lateinische Name *aucuparia* bedeutet entsprechend „Vogel fangen“. Die roten Apfelfrüchte sind für über 60 Vogelarten eine wichtige Nahrungsquelle. Die Blüten wiederum sind Nektarquelle für zahlreiche Insekten. Die Vogelbeere wird auch Eberesche genannt, denn ihre Blätter haben große Ähnlichkeit mit der Gemeinen Esche.

NICHT FÜR DEN ROHVERZEHR GEEIGNET

Du solltest die Beeren nicht roh vom Baum essen, denn sie enthalten Parasorbinsäure und schmecken bitter. Dadurch kann es zu leichten Vergiftungserscheinungen und Magenschmerzen kommen. Durch Erhitzen wird die Parasorbinsäure jedoch deaktiviert. Werden die Früchte gekocht oder sind für einige Tage dem Frost ausgesetzt, verliert sich auch der herbe Geschmack. Du kannst aus ihnen Marmelade, Gelee, Aufstriche, Mus, Sirup, Chutney oder einen leckeren Likör herstellen.

Heute wird in Baumschulen auch oft die Mährische Vogelbeere als Gartenbaum angeboten. Sie wurde um 1810 in Mähren entdeckt und ihre Früchte haben einen deutlich geringeren Gerbsäureanteil. Sie sind auch schon roh genießbar.

Beschwipste Vogelbeeren

1 kg Vogelbeeren waschen und mit 200 g braunem Zucker unter ständigem Rühren kurz köcheln und dann für einige Stunden ziehen lassen. Am nächsten Tag noch einmal aufkochen. Dann mehrere Twist-Off-Gläser zu zwei Drittel mit den Beeren befüllen. Mit Wodka oder Schnaps aufgießen, verschließen und kühl und dunkel lagern. Das volle Aroma entwickelt sich über einige Monate.

VIEL VITAMIN C

In der Volksheilkunde hat die Vogelbeere als mild abführendes und harntreibendes Mittel Bedeutung. Hierfür wird aus den Früchten Brei gekocht und verzehrt. Der Saft soll bei Heiserkeit als Gurgelmittel helfen. Aufgrund des hohen Vitamin-C-Gehalts wurden sie früher außerdem gegen Skorbut und Erkältungskrankheiten eingesetzt. Der Tee aus den getrockneten Blättern und Blüten wurde von Heilkundigen bei Rheuma und Gicht empfohlen.

Wald-Erdbeere

Fragaria vesca · Rosengewächse · April–Juni H · 5–25 cm

MERKMALE: Ausdauernde, krautige und zuweilen bodendeckende Pflanze. Deutlich kleiner als die Gartenerdbeere. Die am Rand gesägten Blätter stehen an kurzen Stielen. Sie sind leuchtend grün und dreigeteilt. Die Stängel tragen nur wenige weiße Blüten mit jeweils fünf Kronblättern. Die aromatischen, runden Früchte sind Sammelnussfrüchte und werden bis zu 10 mm groß. Sie reifen über einen langen Zeitraum.

VORKOMMEN: Sonnige, durchlässige, nährstoff- und humusreiche Böden, lichte Laub- und Nadelwälder, Waldränder.

VERWECHSLUNG: Mit der Moschus-Erdbeere *(F. moschata)*, die bis zu 40 cm groß wird.

EINE FRUCHT MIT GESCHICHTE

Die Wald-Erdbeere stand schon lange auf Speiseplan unserer Vorfahren wie zahlreiche archäologische Funde beweisen. Bereits seit dem 14. Jahrhundert wird sie in Klöstern angebaut. Mit der Entdeckung von Arten mit größeren Früchten wie der Chile-Erdbeere (*F. chiloensis*) und der Scharlach-Erdbeere (*F. virginiana*), verlor die Wald-Erdbeere jedoch an Bedeutung. Durch Kreuzungen dieser Arten entstand die heutige Gartenerdbeere, von der inzwischen unzählige verschiedene Sorten existieren. Die Kulturform der Wald-Erdbeere ist die Monatserdbeere. Vielleicht findest du in deinem Garten einen halbschattigen Platz, an dem du Wald-Erdbeeren pflanzen kannst. Bei sehr sonnigen Standorten musst du auf eine ausreichende Wasserversorgung achten. Sie ist mehrjährig, breitet sich durch ihre Ausläufer sehr schnell aus und bedeckt den Boden. Den ganzen Sommer lang kannst du die kleinen, aromatischen Früchte naschen. Die nektarreichen Blüten sind Nahrung für Insekten.

GENIESSE DEN AUGENBLICK

Die Wald-Erdbeere schmeckt direkt roh im Wald verzehrt am allerbesten. Gerade weil ihre Früchte so klein sind, kann man dabei üben, den Augenblick mit Bedacht zu genießen. Du kannst die Früchte genauso nutzen wie die der Gartenerdbeere und beispielsweise Marmelade, Gelee, Süßspeisen oder Likör daraus herstellen. Sie schmecken aber oft aromatischer. Ich esse sie auch gerne zu meinem morgendlichen Haferporridge mit Quark, wenn sie es denn mal bis nach Hause schafft. Sowohl die Blätter als auch die Früchte und Wurzeln werden bei Halsentzündungen, Durchfall oder Darmblutungen verwendet. Die wichtigsten Inhaltsstoffe sind Vitamin C, Mineralsalze, Kohlenhydrate, Eiweiß und Gerbstoffe. Die Blätter sammelt man vor allem im Frühling, die Wurzeln vom Herbst bis ins zeitige Frühjahr.

Die Sammelnussfrüchte der Walderdbeere sind nur etwa einen Zentimeter groß.

Wald-Erdbeer-Likör

Eine 0,5-Liter-Flasche etwa bis zur Hälfte mit Wald-Erdbeeren füllen und 100 g braunen Zucker dazugeben. Mit Wodka auffüllen und verschlossen an einem dunklen Ort für 6 Wochen stehen lassen. Abseihen und gelegentlich ein Gläschen genießen.

Echte Walnuss

Juglans regia · Walnussgewächse · April–Mai · H 15–30 m

MERKMALE: Bis zu 40 cm lange Blätter mit glattem Rand. Sie sind unpaarig gefiedert mit 7–9 länglich eiförmigen Einzelblättern und wechselständig angeordnet. Die Unterseite mit kleinen Drüsen und Haaren (Lupe) in den Nervenwinkeln ist etwas heller als die Oberseite. Gelborange Herbstfärbung. Männliche Blüten in bis zu 10 cm langen Kätzchen, die mit den Blättern austreiben. Unauffällige weibliche Blüten erscheinen bis zu 4 Wochen später. Rinde zunächst grau-weiß, später fast schwarz, borkig und rissig. Die Nüsse sind durch eine grüne Fruchthülle geschützt. Sie reifen im September–Oktober.

VORKOMMEN: Gärten, Parks und als Solitärbaum an sonnigen bis halbschattigen Standorten. Hausbaum.

VERWECHSLUNG: In Parkanlagen kommt gelegentlich die Schwarznuss *(Juglans nigra)* vor.

WER HAT DIE GEPFLANZT?

Diese Frage stellt man sich manchmal, wenn man viele junge Waldnussbäume entdeckt. Meist waren es Mäuse, Siebenschläfer, Eichhörnchen oder Vögel, die nicht alle Verstecke ihrer Wintervorräte wiedergefunden haben. In jungen Jahren können die Bäume leicht bis zu 2 m in die Höhe wachsen und bilden dabei tiefe Pfahlwurzeln, die auch mächtig in die Breite wachsen können. Walnüsse können bis zu 150 Jahre alt werden, in Einzelfällen auch wesentlich älter.

ENERGIESPENDER

Meine Mutter – sie war fast 90 Jahre alt –, schwor darauf, jeden Tag ein Butterbrot mit Walnüssen zu essen. Wie gesund der Verzehr von Nüssen ist, wussten schon die Römer und Griechen. Bei ihnen galt die Walnuss als Speise der Götter und als Sinnbild für die Fruchtbarkeit.
Die Nüsse bestehen bis zu 60 Prozent aus hochwertigen Ölen und zu 20 Prozent aus Eiweiß. Hinzu kommen die Vitamine B1, B3, B5 und B6 sowie Mineralstoffe wie Magnesium, Kalium, Zink und Eisen. Du

Aus den noch unreifen grünen Nüssen kannst du einen heilsamen Magenbitter herstellen.

kannst sie ganz einfach schon im morgendlichen Müsli oder Porridge genießen. Sie schmecken auch unter Joghurt gemischt, in den weihnachtlichen Plätzchen und eignen sich für Kuchen, Torten, Eiscreme oder auch als leckere Beilage zu einem frischen Salat. Ich habe bei meinen Streifzügen durch die Natur immer eine Dose mit Nüssen dabei – für den Fall, dass die Energie einmal nachlässt.

Walnuss-Magenbitter

10 noch grüne, halb reife Walnüsse in Scheiben schneiden und mit 10 Wacholderbeeren, 10 Nelken und 2 Stangen Zimt in eine Flasche geben. Mit 0,5 l Korn aufgießen und 6 Wochen stehen lassen. Danach absieben und in einer dunklen Flasche aufbewahren. Ich kenne nichts Wirkungsvolleres bei Magenschmerzen. Bei Bedarf einen Teelöffel mit Wasser verdünnt einnehmen.

GESUNDE NÜSSE

Der Verzehr von Walnüssen soll positive Effekte auf den Blutdruck, die Blutfettwerte und die Gefäße haben sowie uns vor Diabetes und Herz-Kreislauf-Erkrankungen bewahren. Die getrockneten Blätter wurden aufgrund des hohen Gerbstoffgehalts für Waschungen, Umschläge oder Teilbäder bei Ekzemen, Hautauschlägen, Akne oder auch Schweißfüßen genutzt.

Fichte

Picea abies · Kieferngewächse · April–Juni · H 40–60 m

MERKMALE: Nadelbaum. Die Nadeln sind im Querschnitt rautenförmig, starr, spitz, stechend und sitzen quirlig an den Zweigen. Beim Abreißen bleibt an der Nadel ein kleines Fähnchen stehen. Die Rinde junger Bäume ist glatt und kupfrig bis rötlich braun. Daher auch der Name „Rottanne". Die männlichen Kätzchen sind karminrot, später gelb, die weiblichen Zapfen hellrot, purpurn oder gelbgrün. Die länglichen, hängenden Zapfen sind zunächst grün und werden später braun. Sie fallen bei Reife am Stück zu Boden

VORKOMMEN: Wälder, Monokulturen, Solitärbaum.

VERWECHSLUNG: Mit der sehr giftigen Eibe *(Taxus baccata)* und weiteren Nadelgehölzen wie Weiß-Tanne *(Abies alba)* und Douglasie *(Pseudotsuga menziesii)*.

VERWENDUNG IN DER KÜCHE

Ab April kannst du die jungen, zarten hellgrünen Fichtentriebe direkt vom Baum naschen. Sie sind reich an Vitamin C, Gerb- und Bitterstoffen, ätherischen Ölen, Mineralien und Spurenelementen. Der Geschmack ist leicht säuerlich. Sie eignen sich auch wunderbar zur Herstellung von Nadelsalz (S. 102). Mit flüssigem Honig vermischt schmecken die Maitriebe auch auf einem Butterbrot sehr lecker. Eine wahre Delikatesse sind die jungen weiblichen Zapfen in der Pfanne geröstet und mit etwas Zucker karamellisiert.

ÄTHERISCHES ÖL

Die ätherischen Öle der Fichte wirken durchblutungsfördernd und finden bei Muskelverspannungen, Sportverletzungen und Rheuma Anwendung. Der durchblutungsfördernde Franzbranntwein zum Einreiben ist vielen sicherlich bekannt. Er enthält oft Fichtennadelöl. Ein Fichtennadeltee hilft bei Erkrankungen der Atemwege und Fichtenspitzensirup aus den Maiwipfeln unterstützt bei Husten und Erkältungen. Aus Fichtenharz kannst du eine heilende Pechsalbe herstellen.

Fichtenspitzen-Pralinen

Junge, zarte Maitriebe sammeln und entweder als Ganzes durch geschmolzene Schokolade ziehen oder zerkleinert hineingeben. Mit gehackten Nüssen oder Kakaosplittern bestreuen und auskühlen lassen. Eine besondere Leckerei, die sich auch wunderbar als Mitbringsel eignet.

Die Zapfen der Fichte hängen nach unten und fallen im Ganzen ab.

FICHTEN-BEGLEITER

Die Fichte ist einer der wichtigsten Mykorrhiza-Partner für viele Speise-, aber auch einige Giftpilze. Saure Fichtenwälder sind interessante Pilzgebiete mit vielen essbaren Pilzen. Eine weitere Charakterpflanze dieser Wälder ist die Heidelbeere.
Hier findest du beispielsweise Fichten-Steinpilz (S. 190), Maronen-Röhrling (S. 196) sowie einige Filzröhrlinge wie Ziegenlippe (S. 200) und Rotfuß-Röhrling (S. 198). Außerdem wachsen dort Täublinge wie der Wiesel-Täubling und der Fichten-Blutreizker, der zu den Milchlingen gehört, sowie der Trompeten-Pfifferling (S. 242) und der Perlpilz. Giftige und ungenießbare Pilze im Fichtenwald sind Gallen- und Schönfuß-Röhrling, verschiedene Wulstlinge, Knollenblätterpilze und der Gift-Häubling.

Essbare Pilze

Die Welt der Pilze

WAS IST EIGENTLICH EIN PILZ?

Wenn du einen Pilz erntest, ist das nicht anders, als einen Apfel vom Baum zu pflücken. Der sichtbare Steinpilz – und andere Speise- und Giftpilze – ist nur der Fruchtkörper eines Pilzmyzels, dass unsichtbar im Waldboden lebt. Mit dem Entnehmen eines Fruchtkörpers fügst du dem Myzel keinen Schaden zu. Das heißt, wenn du einmal an einer Stelle Steinpilze oder Pfifferlinge gefunden hast, werden sie dort wieder wachsen. Erfahrene Pilzsammler halten deshalb „ihre" Plätze geheim und suchen sie jedes Jahr auf.

Ein Pilzmyzel kann sehr groß und alt werden. Das größte Lebewesen, das wohl derzeit auf der Erde lebt, ist das Myzel eines Hallimasch *(Armillaria ostoyae)*, im Malheur Nationalpark Oregon in Nordamerika. Es wurde im Jahre 2000 entdeckt, ist etwa 2400 Jahre alt und erstreckt sich über neun Quadratkilometer. Sein Gewicht wird auf 600 t geschätzt. Übrigens ist der Hallimasch ein beliebter Speisepilz, der Nadelbäume schädigt, indem er ihnen Nährstoffe, Zucker und Wasser entzieht. Dass es sich bei diesem Pilz um ein einziges Exemplar handelt, wurde durch Genanalysen nachgewiesen. Manchmal findest du im Wald oder auf Wiesen sogenannte Hexenringe, also in einem Kreis wachsende Fruchtkörper. Letztlich ist das nichts anderes als ein Pilzmyzel, das gleichmäßig in alle Richtungen durch den Waldboden wächst und nur am Rand Fruchtkörper bildet, weil im Inneren des Rings die Nährstoffe immer weniger werden.

Das Pilzmyzel bleibt uns im Boden meist verborgen.

UNTERSCHÄTZTE GESCHÖPFE DER NATUR

Das älteste bisher gefundene Fossil eines landlebenden Organismus ist ein versteinertes Pilzmyzel und 440 Millionen Jahre alt.

Pilze haben das Leben auf der Erde von Anfang an maßgeblich geprägt. Ohne sie würde unser Planet heute komplett anders aussehen und viele Arten und Ökosysteme gar nicht existieren.

DIE LEBENSWEISE DER PILZE

Grundsätzlich gibt es drei verschiedene Lebensformen bei Pilzen. Als Pilzsammler ist es wichtig, zu wissen, in welche Kategorie ein Pilz einzuordnen ist, denn es hilft dir, ihn zu finden und zu bestimmen.

Pilze leben nicht nur mit Bäumen in engen Gemeinschaften, sondern auch mit anderen Pflanzen. Viele dieser Zusammenhänge sind uns noch vollkommen unbekannt,

Viele Pilzarten leben in einer engen Lebensgemeinschaft mit Bäumen. Der leckere Fichten-Reizker wächst nur zusammen mit Fichten.

aber das, was wir wissen zeigt, wie sehr das Leben auf der Erde miteinander vernetzt ist. Das macht beeindruckend klar, dass wir uns neben dem Schutz einzelner Arten vor allem um den Erhalt ganzer Ökosystem kümmern sollten. Die Lebensgemeinschaft zwischen Pilzen und Pflanzen ist Millionen von Jahren alt und war die Grundlage für das Leben auf der Erde, wie wir es heute kennen.

MYKORRHIZA

Pilze besitzen keine Wurzel, sondern ein Myzel, ein meist sehr feines Netz dünner Pilzfäden, die auch Hyphen genannt werden. Dieses weiße Geflecht kann man manchmal sehen, wenn Fruchtkörper aus dem Laub oder von Bäumen genommen werden. Die Myzelien der verschiedenen Pilze durchziehen den Waldboden und treffen dort auf die Wurzeln der Bäume. Sie verbinden sich und arbeiten zum Vorteil für beide Partner in einer Symbiose zusammen. Der Baum liefert einen beträchtlichen Teil seiner Fotosyntheseleistung in Form von Zucker an die Pilze. So gibt der Baum bis zu 30 Prozent seiner Zuckerbestände, die über die Fotosynthese entstanden sind, an die Pilze ab. Diese wiederum helfen bei der Wasseraufnahme, liefern Phosphor und Mineralstoffe an den Baum. Das Pilzmyzel vergrößert die Oberfläche der Baumwurzeln zum Teil um den Faktor 1000. Pilzmyzelien filtern außerdem Schadstoffe und Schwermetalle aus dem Boden und halten diese von den Bäumen fern. Allerdings werden sie dafür in den Fruchtkörpern der Pilze eingelagert. Zu guter Letzt stehen die Myzelien als Verbindungsleitungen für das Wood Wide Web zur Verfügung.

Etwa ein Drittel der Großpilze in heimischen Wald lebt eng verbunden mit Bäu-

Verschiedene Champignonarten zersetzen abgestorbene Pflanzenteile.

men. Viele Baumarten, darunter Buchen, Eichen oder Birken, haben eine Vielzahl an unterschiedlichen Pilzpartnern. Einige Partnerschaften sind dagegen sehr spezifisch. Der essbare Gold-Röhrling wächst ausschließlich bei der Lärche. Oft erkennt man schon im Namen der Pilze, mit welchem Baum sie die Mykorrhiza eingehen. Dazu gehört zum Beispiel der Birkenpilz. Für Pilzsammler sind diese Lebensgemeinschaften von zentraler Bedeutung. Sie verraten, welche Pilze in einem Baumbestand zu erwarten sind. Wichtige Mykorrhizabäume sind Eiche, Buche, Birke und die Nadelgehölze Kiefer, Fichte und Lärche. Von Ahorn, Kastanie, Ulme, Walnuss und Vogelbeere sind bislang keine Mykorrhizapartnerschaften bekannt.
Die Baumarten in der Umgebung eines Pilzfundortes sind entscheidende Informationen für die Bestimmung. Möchtest du bestimmte Pilze sammeln, hast du selbstverständlich nur in der Nähe der entsprechenden Bäume Chancen, diese zu finden und kannst gezielt auf die Suche gehen.

ZERSETZER ODER DESTRUENTEN

Pilze zerlegen alles, was an organischen Abfällen anfällt. Ohne ihre Arbeit würde der Wald an seinem eigenen Bioabfall ersticken.
Holz besteht aus faseriger, biegsamer Zellulose und dem brüchigen, aber sehr stabilen und festen Lignin. Die einzigen bekannten Organismen, die Lignin abbauen können, sind Weißfäulepilze wie der Schuppige Porling, der Chaga und der Zunderschwamm – und das seit 300 Millionen Jahren. Diese Weißfäuleerreger bauen auch Zellulose ab. Als Abbauprodukt bleibt eine weißlich krümelige Masse übrig. Im Gegensatz dazu können Braunfäuleerreger nur Zellulose abbauen und lassen braune, würfel- oder quaderförmige Überreste zurück. Zu ihnen gehören der Rotrandige Baumschwamm und der essbare Schwefelporling.

Zu den wichtigen Zersetzern im Wald gehören unter anderem der Champignon und der beliebte Austernseitling. Da sie unabhängig von Baumpartnern sind, kann man sie auch gut züchten.
Einige dieser Pilze können sogar Erdölverbindungen abbauen und damit unschädlich machen. Bereits fünf Jahre nach der Reaktorkatastrophe von Tschernobyl waren Pilze die ersten Organismen, die hier zu finden waren. Ein schwarzer Pilz wächst ohne Probleme auf den Resten des Reaktorblocks, ernährt sich von der Strahlung und kann diese als Energiequelle nutzen. Im Jahr 2011 fand man außerdem eine Pilzart, die Kunststoff zersetzen kann.
Pilze haben alle Veränderungen im Laufe der Evolution überlebt und immer die notwendigen Aufräumarbeiten erledigt – auch die Beseitigung der Kadaver der Saurier vor 65 Millionen Jahren.

PARASITEN

Parasitische Pilze befallen lebende Organismen, schädigen diese und entziehen ihnen wertvolle Nährstoffe, ohne etwas zurückzugeben. Das kann über kurz oder lang auch zum Tod des Wirts führen. Die Grenze zwischen parasitisch lebenden Pilzen und den Zersetzern ist oftmals nicht so ganz klar. So schädigt der Zunderschwamm einen Baum zunächst als Parasit, bis dieser irgendwann umstürzt, um dann für viele Jahre an dessen Zersetzung mitzuwirken. Oft sieht man auch die wunderschönen Fruchtkörper parasitischer Pilze an Obstbäumen. Diese zu entfernen reicht keineswegs aus, um den Baum zu retten, denn das Myzel lebt im Baumstamm munter weiter. Bekannte parasitische Pilzarten sind unter anderem der Hallimasch, der Birkenporling, der Schwefelporling und der Leberreischling.

Der Schwefelporling wird wegen des hühnchenartigen Geschmacks auch Chicken of the woods genannt.

Pilze sammeln

ANGSTFREI PILZE SAMMELN

Pilze sammeln ist viel zu gefährlich und die sehen sowieso alle gleich aus? Viele Menschen sammeln zwar Beeren und Kräuter, trauen sich an Pilze aber nicht heran. Es ist schon etwas mehr Spannung dabei, wenn man weiß, dass Pilze zwar köstlich schmecken, aber auch tödlich giftig sein können und sie sich teilweise sehr ähnlichsehen. Hinzu kommt, dass in Mitteleuropa je nach Region einige Tausend Pilzarten vorkommen können. Ich möchte dich in die Lage versetzen, dass du angstfrei Pilze sammeln kannst.

Stelle dir folgende Situation vor: Jemand sammelt Pilze, bereitet ein leckeres Gericht zu und lädt Freunde zum Essen ein. Allen schmeckt es richtig gut und niemand hat danach gesundheitliche Beschwerden. Dann erzählt einer beiläufig, dass er vor Kurzem von Pilzvergiftungen gelesen hat und der Betroffene nun im Krankenhaus liegt. Was jetzt passiert, kannst du dir sicherlich vorstellen. Nacheinander tauchen am Tisch die ersten Symptome auf. Aus leichten Ängsten wird dann schnell Panik, selbst wenn die Pilze einwandfrei und essbar waren. Ich halte es für sehr waghalsig, sich Pilze ohne jegliches Eigenwissen schenken zu lassen. Sei besonders vorsichtig, wenn jemand behauptet, er kenne alle Pilze und diese seien bedenkenlos essbar. Du solltest dir immer ein eigenes Bild machen.

Ich möchte dir das Wissen vermitteln, dass für den Anfang ausreicht, um ohne Angst auf Pilzsuche zu gehen. Du lernst die wichtigsten Speisepilze und Verwechslungsmöglichkeiten kennen. Viele Steinpilzpfannen mussten in der Biotonne entsorgt werden, weil ein Gallenröhrling mit an Bord war. Du wirst dich wundern, wie leicht das zu vermeiden ist.

Das war ein erfolgreicher Sammeltag.

PILZE BESTIMMEN

Betrachte zunächst die Makromerkmale deines Fundes. Du kannst sie ohne Hilfsmittel mit bloßem Auge erkennen. Je mehr Informationen du sammelst, umso größer ist die Chance den Pilz zu bestimmen. Urteile nie zu schnell.

Wenn du einen Fruchtkörper in der Hand hast, schau genau hin. Hat er Lamellen, Röhren oder Leisten? Wie ist die Huthaut beschaffen? Wie sieht der Hutrand aus, hat

Eine Lupe kann bei der genauen Betrachtung deines Fundes hilfreich sein.

er einen Ring am Stiel oder gar eine Knolle an der Stielbasis? Ist der Stiel wie eine Schlangenhaut genattert oder hat er ein Netz? Manchmal ist es eine große Hilfe, wenn du mit einer Lupe arbeitest. Vergleiche deinen Fund sorgfältig mit den Merkmalen im Bestimmungsbuch.
Bei fast jeder Exkursion werden Pilze als schön bezeichnet. Ist damit das generelle Aussehen des Pilzes gemeint, ist dem nichts hinzuzufügen. Wenn im nächsten Satz allerdings vermutet wird, man könne ihn bestimmt essen, antworte ich: „Es gibt auch schöne Massenmörder." Der optische Eindruck lässt keinerlei Rückschlüsse auf Speise- oder Giftpilze zu.
Entscheidend sind ausschließlich die Merkmale, die ein Pilz aufweist. Sie sind oft, aber leider nicht immer deutlich zu sehen. Das Aussehen von Pilzen ist generell unglaublich variabel und Faktoren wie Wetter, Standort, Farbvariationen, Alter und viele weitere können zu uneindeutigen Merkmalen führen. Du solltest zur Bestimmung immer mehrere Aspekte betrachten. Wenn du dir nicht zu 100 Prozent sicher bist, ist dein Fund für dich kein Speisepilz! Auch wenn ein Merkmal, aus welchem Grund auch immer, nicht eindeutig zu sehen ist, gilt: Es ist nicht vorhanden und du lässt den Pilz im Zweifel im Wald.

HILFSMITTEL

Um Pilze zu sammeln, benötigst du ein Bestimmungsbuch. Die Auswahl ist mittlerweile riesig und verschiedene Bücher bieten unterschiedliche Schwerpunkte und Artenzahlen. Die oft darin enthaltenen Bestimmungsschlüssel führen dich Schritt für Schritt zum Ziel. Beginne zunächst mit einem bekannten Pilz, um dich damit vertraut zu machen.
Apps und das Internet spielen inzwischen besonders bei jüngeren Menschen eine große Rolle. Es gibt zahlreiche Pilz-Apps und du solltest dir die Zeit nehmen, die eine oder andere näher zu betrachten. Anwendungen, die keine zusätzlichen Merkmale wie den Fundort oder die Beschaffenheit des Fleischs abfragen, halte ich für unzureichend. Webseiten können dich bei der Bestimmung unterstützen, vor allem, wenn sie sie wichtige Merkmale wie die Einordnung als Röhren- oder Lamellenpilz mit abfragen.
Die Kombination aus Büchern, Apps und Webseiten bietet eine tolle Möglichkeit, sich der Welt der Pilze anzunähern.
Bist du immer noch unsicher, kannst du mit deinen Funden auch einen Pilzsachverständigen aufsuchen, den du über die Seite der Deutschen Gesellschaft für Mykologie DGfM finden kannst. Entsprechende Empfehlungen findest du auf S. 256.
Von Foren und Gruppen in den Sozialen Medien rate ich ab.

DER EINSTIEG

Bevor du mit dem Sammeln im Wald beginnst, lasse deinen Blick erst schweifen, um die vorhandenen Baum- und Pflanzenarten zu bestimmen. Informationen zum geologischen Aufbau des Sammelgebiets – beispielsweise, ob der Boden aus Kalk oder Buntsandstein besteht – sind wichtig, um unbekannte Arten zu Hause nachbestimmen zu können. Sammle nur Pilze, die du sicher erkennst und auch verwerten möchtest, zusätzlich maximal zwei neue Arten, um sie kennenzulernen. Es dauert einige Zeit, um einen Pilz nach Büchern sicher bestimmen zu können. Ich empfehle dir, die Pilze gleich im Wald grob zu säubern. So bleiben nicht verwertbare Teile an Ort und Stelle und du hast keinen unnötigen Schmutz im Sammelkorb.

NUTZE DEIN WISSEN

Beim Sammeln kannst du entweder alles dem Zufall überlassen oder in bestimmten Biotopen und Lebensräumen gezielt nach Pilzen Ausschau halten. Neben den Baumarten ist es auch von entscheidender Bedeutung, dass du dich ein wenig mit den Bodenarten und Feuchtigkeitsverhältnissen auskennst. Dieses Wissen nutzt dir nicht nur beim gezielten Sammeln, sondern auch bei der Bestimmung der einzelnen Arten. Viele Pilzsammler würden niemals Röhrlinge mit roten Röhren mitnehmen. Vor allem, wenn sie bei Berührung oder beim Anschneiden blau werden, ist höchste Vorsicht geboten, denn es könnte der Satansröhrling sein. Während dieser tatsächlich giftig ist, zählt der ähnliche Flockenstielige Hexenröhrling mit zu besten heimischen Speisepilzen. Vom Aussehen könnte man beide Arten tatsächlich verwechseln, jedoch nicht, wenn man den Standort mit in Betracht zieht. Der Satansröhrling wächst ausschließlich in der Nähe von Laubbäumen auf kalkreichen Böden, der Flockenstielige Hexenröhrling in sauren Nadelwäldern. Einen Hinweis auf die Bodenbeschaffenheit können die Pflanzen in der Umgebung geben. So wachsen beispielsweise Heidelbeeren nur auf sauren, das Leberblümchen hingegen nur auf kalkreichen Böden.

Bestimmungsbücher und Apps helfen beim Identifizieren der Funde.

DIE BESTEN SAMMELPLÄTZE

Viele leckere Speisepilze wachsen mit Bäumen in einer Lebensgemeinschaft. Zum Sammeln sind grundsätzlich Wälder besser, in denen es viele verschiedene Baumarten gibt. Gute Pilzwälder sind kalkreiche Buchenwälder mit eingestreuten Eichen und Lärchen, aber auch saure Fichtenwälder bieten sich an. In Kuranlagen und Parks wachsen oft viele unterschiedliche Bäume, daher sind sie oft gute Sammelgebiete. Auf Wiesen findest du Champignons, den Riesenbovist, den Parasol und sogar Waldpilze, wenn die Wiese an Hecken oder

Heidelbeeren und Fichten lassen auf sauren Boden schließen.

einen Wald grenzt. Die Mykorrhizabäume können schon mal 20–30 m vom Pilzfruchtkörper entfernt stehen.

EQUIPMENT

Zum Sammeln von Pilzen benötigt man einen luftdurchlässigen Korb und ein stabiles Messer. Plastiktüten sind vollkommen ungeeignet. In einer geschlossenen, feuchten und warmen Umgebung beginnen sich Eiweiße schnell zu zersetzen. Der Speisepilz verdirbt und kann ein falsche Pilzvergiftung auslösen.
Der Korb sollte nicht zu klein sein und einen geraden Boden haben. Mit leeren Plastikschalen kannst du die Pilze locker in bekannt und unbekannt einteilen. Möchtest du nicht jedes Mal einen Pilz entnehmen oder auf dem Boden kriechen, um dem Fund unter den Hut zu schauen, kann ich dir einen kleinen Helfer empfehlen: Mit einem kleinen Spiegel kannst du schnell und bequem auf Röhren oder Lamellen prüfen.

WANN WACHSEN PILZE?

Pilze benötigen bestimmte Temperaturen und ausreichend Feuchtigkeit, um Fruchtkörper zu bilden. Nach einer langen Trockenperiode muss es einige Tage regnen bis wieder Pilze im Wald zu sehen sind. Trockenheit und leichten Wind mögen sie gar nicht, denn diese Kombination lässt die kleinen Fruchtkörper vertrocknen noch bevor sie in die Höhe wachsen. Dennoch haben Pilzsammler das ganze

Mit einem Handspiegel kannst du dem Pilz unter den Hut schauen.

Pilze benötigen ausreichend Feuchtigkeit zum Wachsen.

Jahr über Chancen, Speisepilze zu finden. Zur Hauptsaison gehören die Monate Mai, Juni, September und Oktober. Zu dieser Zeit gibt es meist immer wieder Niederschläge und die Temperaturen bewegen sich um die 20 °C – ideal für das Wachstum der meisten Pilze. Im Frühjahr ist die Zeit der Morcheln, die für viele Pilzfreunde die Saison einleiten. Sie schmecken nicht nur sehr lecker, sondern sehen auch wunderschön aus. Im Herbst tauchen dann der Rauchblättrige Schwefelkopf und vielleicht auch schon die ersten Austernseitlinge auf. Letztere kannst du neben dem Samtfußrübling fast den ganzen Winter über ernten.

WO UND WIE VIEL SAMMELN?

Wer mit der Leidenschaft des Pilzsammelns beginnt, bekommt mit etwas Glück von erfahrenen Sammlern gute Stellen gezeigt oder muss sich im Laufe der Jahre selbst Plätze suchen. Gerade Mykorrhizapilze bilden ihre Fruchtkörper immer wieder am gleichen Ort.

Ich empfehle, zunächst Wälder in nächster Umgebung zu erkunden. So hast du zur Pilzsaison ohne lange Anfahrt die Möglichkeit, regelmäßig nach Pilzen zu schauen. Hast du einen guten Sammelort gefunden, merke ihn dir gut. Ich kenne auch Menschen, die einen guten Standort gleich mit Koordinaten auf dem Handy gesichert haben.

In Deutschland dürfen Pilze zum Eigenbedarf gesammelt werden, in der Regel ist maximal ein Kilogramm pro Person und Tag erlaubt. Das gilt nicht für Naturschutzgebiete, hier ist das Sammeln verboten. Größere Mengen zu sammeln und zu verkaufen ist nicht erlaubt. Hierzu benötigt man eine Sammelerlaubnis von den Natur-

In Deutschland dürfen Pilze für den Eigenbedarf gesammelt werden.

Beim Abschneiden von Pilzen gehen wichtige Informationen verloren.

schutzbehörden. In unseren Nachbarländern sieht das ganz anders aus. Dort musst du dich im Vorfeld erkundigen, wie die derzeitige Gesetzeslage ist und welche Bestimmungen gelten.

SCHNEIDEN ODER DREHEN

Für das Pilzmyzel, also den eigentlichen Pilz, spielt es keine Rolle, auf welche Art und Weise der Fruchtkörper entfernt wird. Für dich allerdings kann die falsche Methode lebensgefährlich sein! Werden unbekannte Pilze oberhalb der Erde abgeschnitten, gehen wichtige Informationen verloren. Beispielsweise, ob der Pilz eine Knolle hat oder nicht oder wie die Stielbasis aussieht. Gerade bei Pilzen, die den Knollenblätterpilzen ähneln und am gleichen Standort vorkommen, kann das sehr gefährlich sein. Bei sicher bekannten Pilzen ist die Methode eigentlich unwichtig. Bei unbekannten Pilzen muss immer mit dem Messer oder auch einen kleinen Stock geschaut werden, ob nicht eine Knolle vorhanden ist. Sie sollten nie abgeschnitten, sondern mit einer Drehbewegung vom Boden gelöst werden, um den Stiel vollständig zu erhalten.

KONTAKT MIT GIFTIGEN PILZEN

Auch giftige Pilze können gefahrlos angefasst werden. Pilze sind nicht kontaktgiftig, du kannst dich über Hautkontakt also nicht vergiften. Ich finde es sogar wichtig, giftige Pilze genau anzuschauen, wenn man die Gelegenheit hat. Unser Gehirn kann sich die Merkmale so besser merken und im Laufe der Zeit erkennst du auch Knollenblätterpilze schon von Weitem.

GESCHMACKSPROBE

Bei Röhrlingen und Täublingen ist es oft sinnvoll oder sogar notwendig, den Geschmack der rohen Pilze zu testen. Dadurch kannst du Arten, die mild, scharf oder bitter schmecken, schnell unterscheiden und erkennen. Der Steinpilz schmeckt mild, sein häufigster Verwechslungspartner, der Gallen-Röhrling, ist gallenbitter. Da es bei Röhrlingen keine tödlich giftigen Arten gibt, kannst du hier sorglos testen. Bei Lamellenpilzen sieht die Sache anders aus, hier musst du überlegter vorgehen. Bei den Täublingen – und nur bei diesen – ist die Geschmacksprobe für Pilzsammler, die nicht mit Chemikalien oder einem Mikroskop arbeiten, die einzige Chance heraus-

Für die Geschmacksprobe reicht ein kleines Stück aus.

zufinden, welcher Pilz essbar ist. Milde Täublinge sind essbar, scharfe nicht.
Für die Probe nimmt man ein kleines Stückchen vom Hutrand und schiebt dieses im Mund hin und her. Bei den meisten Arten kommt der Geschmack schnell zu Vorschein, bei manchen dauert es etwas länger. Bei einigen Täublingen bemerkt man zunächst nichts bis die Schärfe etwas später kommt. Die Probestückchen werden anschließend ausgespuckt.
Bei völlig unbekannten Arten und Knollenblätterpilzen darfst du niemals eine Geschmacksprobe machen.

DER GERUCH HILFT WEITER

Pilze haben arttypische und markante Gerüche, die bei der Bestimmung eine wichtige Rolle spielen. Sie können nach Marzipan, Anis, Rettich, Mirabellen, Aprikosen, Leuchtgas, Hering, Knoblauch aber auch nach Ziegenbock riechen. Der Gelbe Knollenblätterpilz riecht beispielsweise ganz eindeutig nach einem alten Kartoffelkeller, in dem noch keimende Kartoffeln liegen. In guten Bestimmungsbüchern sind diese Gerüche aufgeführt. Mir passiert es häufig, dass ich einen Geruch wahrnehme und ihn zwar kenne, aber nicht zuordnen kann.

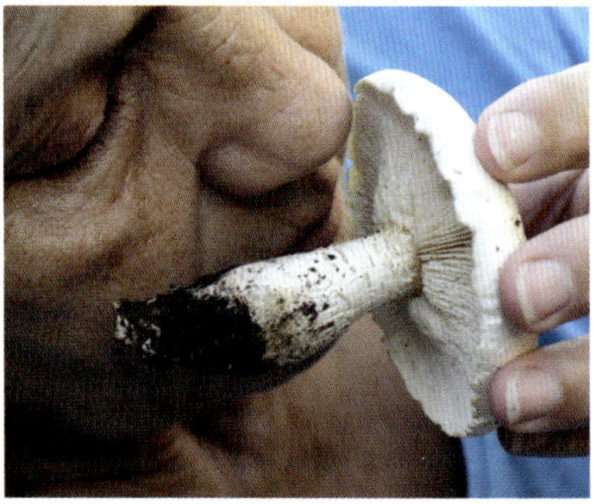

Der Geruch eines Pilzes hilft bei der Bestimmung.

Liest man die Beschreibung in einem Buch, kommt die Assoziation in der Regel schnell.

SPOREN UND DEREN FARBE

Anders als Pflanzen vermehren sich Pilze über Sporen. Diese werden zu Millionen in der Fruchtschicht der Pilze, dazu gehören unter anderem die Röhren und die Lamellen. Sobald die Sporen reif sind, fallen sie nach unten und werden durch den Wind oder Tiere weitertransportiert. Bei der Bestimmung ist die Farbe des Sporenpulvers oft wichtig. Manchmal siehst du schon im Moos oder am Boden eine sehr feine Staubschicht unter dem Pilz, den Sporenpulverstaub. Zu Hause kannst du die Sporen gezielt gewinnen. Hierzu trennst du den Stiel vom Hut ab und legst den Hut mit der Fruchtschicht nach unten auf ein weißes Papier oder eine weiße, sehr glatte Kunststofffolie. Ich nutze eine Kunststoffkarte in weiß und schwarz, um auch helles Sporenpulver sehen zu können. Je nach Reife der Sporen werden sie innerhalb weniger Stunden abgegeben. Nun kannst du die die Farbe des Sporenpulvers erkennen. Ein einfaches, aber für die Bestimmung sehr wichtiges Bestimmungsmerkmal. Champignons haben beispielsweiße braunes bis fast schwarzes Sporenpulver, der ähnliche, tödliche Grüne Knollenblätterpilz dagegen weißes.

TIERE UND PILZE

Fraßspuren von Tieren lassen nicht auf die Essbarkeit oder Giftigkeit eines Pilzes schließen. Ein Pilzsammler erzählte mir einmal, was Schnecken fressen, könnten auch wir gefahrlos essen. Doch Nacktschnecken verzehren genüsslich Knollenblätterpilze, während sie für uns tödlich

Sporenabdrücke sind schnell und einfach gemacht und helfen bei der Bestimmung.

giftig sind. Wenn Menschen diesen Pilz essen, weißt du was passiert. Größere Tiere wie Rehe fressen Steinpilze und Wildschweine lieben den Hirschtrüffel, beide haben aber auch mit giftigen Pilzen keine Probleme.

RADIOAKTIVITÄT

An manchen Standorten sind einige Pilzarten auch lange nach der Reaktorkatastrophe von Tschernobyl noch mit Cäsium-137 belastet. Dazu gehören Maronen-Röhrlinge, Semmel-Stoppelpilze, Trompeten-Pfifferlinge, Rotfuß-Röhrlinge und die Ziegenlippe. In den betroffenen Regionen sollten diese Pilze nur in kleineren Mengen verzehrt werden.

VERDORBENE PILZE

Manchmal trifft man Pilzsammler, deren Körbe mit zum Teil grauenvollen Funden gefüllt sind. Alle Pilze liegen übereinander, sind verschmutzt und Steinpilze liegen zwischen Giftpilzen. Oft sind auch viel zu alte Fruchtkörper dabei. Dann hört man oft, es hätte heute keine anderen gegeben. Beim Metzger würde niemand Fleisch kaufen, das schon sichtlich überaltert ist, nur weil es kein anderes gab.

Du solltest nur junge Fruchtkörper sammeln und schadhafte Stellen zum Beispiel von Schneckenbissen schon am Fundort großzügig abschneiden. Zu alte Exemplare bleiben direkt im Wald und werden am besten gar nicht erst gepflückt. Mit nach Hause nimmst du nur einwandfreie, frische und gereinigte Pilze. Gibt es keine, gehst du eben diesmal leer aus. Du kannst den Zustand eines Pilzes vor allem bei Röhrenpilzen testen, indem du mit dem Finger leicht in die Fruchtschicht drückst. Gibt sie nur unter größerem Druck nach, ist der Pilz noch gut. Sinkt dein Finger ein und eine Delle bleibt zurück, ist er schon zu alt.

Pilzgruppen und -gattungen

Von Anfang an hat mich besonders die Formenvielfalt der Pilze fasziniert. Die Fruchtschicht, in der die Sporen gebildet werden, ist ganz unterschiedlich angelegt. Sie kann aus Röhren, Poren, Lamellen oder Leisten bestehen und noch viele andere Formen annehmen. Zu erkennen, welcher Familie ein Pilz angehört, ist ein wichtiger Schritt, um ihn einzuordnen. Das ermöglicht dir, Gefahren einzuschätzen und angstfrei Pilze zu verzehren, obwohl du die konkrete Art Namen vielleicht nicht bestimmen kannst.

Die beiden wichtigsten Hauptgruppen sind die Röhren- und die Lamellenpilze. Du wirst sie schnell kennenlernen und im Laufe der Zeit zunehmend sicherer in ihrer Beurteilung werden. Für absolute Anfänger empfehle ich die Röhrenpilze.

Die feinen Röhren des Fichten-Steinpilzes.

RÖHRLINGE

Die Sporen der Röhrlinge werden in einer Röhrenschicht unter dem Hut gebildet. Hier stehen sehr viele einzelne Röhren dicht gedrängt nebeneinander. Mit einem Messer kann man sie vom Hutfleisch trennen. Man kann sich diese Schicht wie einen Raum voller gleich langer, dicht an dicht gestellter Ofenrohre vorstellen, den man von oben betrachtet. Man sieht nur die Öffnungen. Die Farbe der Röhren kann weiß, gelblich, rot oder aus rosa sein. Zu den Röhrlingen gehören viele der beliebtesten Speisepilze wie beispielsweise der Steinpilz.

Die Poren der Porlinge – dazu gehören vor allem Baumpilze – sehen auf den ersten Blick ähnlich aus, sie sind aber mit dem Hut verwachsen.

Röhrlinge sind ideale Einsteigerpilze, denn: Es gibt keine tödlich giftigen Röhrlinge. Ein beruhigendes Gefühl. Es gibt einige Arten, die leicht giftig sind und Magen-Darm-Beschwerden auslösen. Dazu kommen bittere Arten, wie der Gallenröhrling, die ein Essen ungenießbar machen. Du musst lediglich die Problemfälle kennen, dann eröffnet sich eine große Anzahl von essbaren Röhrlingen. Dazu musst du die Pilze nicht unbedingt bis auf den Artnamen bestimmen können.

Generell sind Röhrlinge mit einer Netzzeichnung am Stiel keine Speisepilze. Die Ausnahme macht der Steinpilz, der ein weißes Netz besitzt, und, wenn du auf

Alkohol verzichtest, auch der Netzstielige Hexenröhrling.
Bei Röhrlingen werden Dickröhrlinge, Schmierröhrlinge, Filzröhrlinge und Raufuß-Röhrlinge unterschieden. Die Düsteren Röhrlinge sind keine guten Speisepilze. Die Gelbfüße und Kremplingsähnlichen zählen ebenfalls zu den Röhrlingsverwandten.

Dickröhrlinge

Dickröhrlinge, darunter der Steinpilz, sind das Sinnbild für heimische Speisepilze. Wie der Name schon andeutet, haben die etwa 25 Arten dieser Gruppe einen mehr oder weniger bauchigen oder dicken Stiel und können relativ groß werden. Entsprechend groß sind auch Hüte, die weißlich graue oder verschiedene braune Farbtöne aufweisen können. Der Stiel kann ein Netz, feine Pusteln oder Flocken besitzen. Einige Arten blauen bei Verletzung, unter Druck und beim Anschneiden. Das ist ein wichtiges Bestimmungsmerkmal. Das Blauen erschreckt viele neue Pilzsammler und hält sie ab, sich weiter mit den entsprechenden Pilzen zu beschäftigen. Lass dich nicht abschrecken, der Flockenstielige Hexenröhrling, einer der besten Speisepilze, blaut sehr stark. Übrigens blaut der Steinpilz nie. Zu den Dickröhrlingen zählt auch der giftigste Röhrling überhaupt, der Satansröhrling.

Raufußröhrlinge

Der Stiel der Raufuß- oder auch Raustielröhrlinge ist – wie der Name schon vermuten lässt – rauschuppig oder hat feine Pusteln. Es wirkt, als wäre die äußere Schicht nicht in voller Länge mitgewachsen und aufgerissen. Deshalb siehst du braune, schwarze oder rötliche Schuppen auf weißem Untergrund. Die Pilze sind sehr impo-

Steinpilze gehören zu den Dickröhrlingen.

Der raue Stiel ist namensgebend für Raustielröhrlinge.

An den feuchten Hüten der Schmierröhrlinge kleben manchmal Nadeln und Blätter fest.

sante Erscheinungen mit einem meist schlanken und langen Stiel. Zu dieser Gruppe gehören etwa 40 Arten, die nicht einfach zu bestimmen sind. Sie leben in einer Gemeinschaft mit bestimmten Bäumen, deshalb

ist es wichtig, dass du dir die Baumarten in der Nähe des Fundorts anschaust. Erkennst du einen Pilz als Raustielröhrling, kannst du ihn getrost verspeisen, denn alle Pilze dieser Gruppe sind essbar, nachdem sie ausreichend erhitzt wurden. Innerhalb der Gruppe wird weiter zwischen Birkenpilzen und Rotkappen unterschieden.

Schmierröhrlinge

Die Hüte dieser Gruppe mit etwa 20 Arten schmieren oder sind glitschig – zumindest bei feuchtem Wetter. Bei längerer Trockenheit ist dieses eindeutige Merkmal oft nicht zu sehen. Wenn du die Huthaut befeuchtest, wird es wieder sichtbar. Eine weitere und nicht unerhebliche Eigenschaft ist die abziehbare Huthaut. Da sie Verdauungsprobleme auslösen kann, können einige Menschen sie nicht mitessen. Schmierröhrlinge wachsen in Gemeinschaft mit Nadelbäumen und bevorzugen Kiefern und Lärchen. Sie sind alle essbar.

Filzröhrlinge

Etwa 20 Arten gehören zu den Filzröhrlingen, die ebenfalls alle essbar sind. Ihre Hüte sind trocken, samtig, filzig oder wildlederartig. Die Pilze dieser Gruppe blauen bei Druck auf die Röhren und beim Anschneiden. Sie leben in Mykorrhizagemeinschaft mit Bäumen. Die einzige Ausnahme bildet der Schmarotzer-Röhrling, der als Parasit auf einem Kartoffelbovist wächst. Zu dieser Gruppe gehört einer der beliebtesten Speisepilze, die Ziegenlippe, sowie der häufige Rotfuß-Röhrling.

Ziegenlippen haben eine samtige Huthaut.

Die Unterschiede zwischen Faserblättler (links) und Sprödblättler (rechts) sind deutlich.

LAMELLENPILZE

Die meisten der tödlich giftigen Pilze sind Lamellenpilze. Bei dieser Gruppe ist also Vorsicht geboten.
Die Sporen der Lamellenpilze werden an blattartigen Strukturen, den Lamellen, gebildet. Sie ähneln den Blättern eines Buchs und können sehr eng beieinander- oder weiter auseinanderstehen. Für die Bestimmung ist wichtig, ob die Lamellen am Stiel angewachsen sind oder diesen nicht berühren. Im letzteren Fall spricht man von freien Lamellen.
Lamellenpilze werden in Faserblätter und Sprödblättler unterteilt. Um beide Gruppen zu unterscheiden, müssen junge Exemplare betrachtet und getestet werden. Bei älteren oder schon von Maden befallenen Fruchtkörpern sind die Merkmale nicht mehr eindeutig zu erkennen. Es gibt deutlich mehr Faser- als Sprödblättler. Letztere stellen für uns die wichtigere Gruppe dar.

Faserblättler

Wie der Name schon sagt, haben diese Lamellenpilze eine faserige Struktur. Versuche den Stiel des Pilzes mit zwei Fingern in der Mitte der Länge nach zu teilen. Bei Faserblättlern geht das ganz einfach und die einzelnen Fasern werden sichtbar. Den Stiel in der Mitte zu brechen ist nicht möglich. Gelingt es doch fasern die Enden unregelmäßig auf. Neben tödlich giftigen Pilzen sind hier auch mit die besten Speisepilze zu finden, beispielsweise Champignons, der Parasol oder der Austernseitling.

Sprödblättler

Der Stiel eines jungen Sprödblättlers kann nicht der Länge nach geteilt werden. Durch den Aufbau aus Kugelzellen hat er eine sehr feste Konsistenz. Im Gegensatz zu den Faserblättlern kannst du den Stiel quer durchbrechen. Bei jungen Exemplaren ist meist ein deutliches Knackgeräusch zu hören. Die Bruchkante ist nahezu glatt, Fasern sind keine zu sehen. Streichst du mit den Fingern über die Lamellen, splittern spröden Lamellenteile davon ab. Man bekommt schnell einen Blick für Sprödblättler. Sie haben eine kompakte Wuchsform, keinen langen oder dünnen Stiel und wachsen alleine. Nimmst du sie in die Hand, sind sie schwerer als vergleichbare Faserblättler. Zu den Sprödblättern gehören die Milchlinge und die Täublinge. Es gibt übrigens keine tödlich giftigen Sprödblättler, die wirklich gefährlichen Pilze sind Faserblättler.

Milchlinge

Werden die Lamellen oder das Fleisch eines Milchlings verletzt, tritt eine milchige Flüssigkeit aus der Wunde aus. Diese kann transparent, weiß oder auch rötlich sein. Durch die Milch führenden Hyphen ist die Brüchigkeit der Lamellen weniger deutlich sichtbar als bei den Täublingen. Das Hervortreten des Milchsafts kann nach langer Trockenheit und mit zunehmendem Alter eingeschränkt sein.

Links ein Täubling mit gleich langen Lamellen, rechts Milchlinge mit weißer Milch.

Alle Milchlinge mit oranger oder rötlicher Milch gehören zu den sogenannten Reizkern und sind leckere Speisepilze. Als Anfänger solltest du zunächst bei diesen bleiben. Sie sind allesamt Mykorrhizapilze von Kiefer, Fichte, Lärche oder Tanne. Der Farbstoff in der Reizker-Milch färbt den Urin für einige Stunden rot. Das ist völlig unbedenklich und verliert sich schon am nächsten Tag. Die meisten anderen Milchlinge sind zum Teil sehr scharf.

Täublinge

Die Gruppe der Täublinge umfasst etwa 250 Arten, die wahrlich nicht einfach zu bestimmen sind. Sie umfasst leckere Speisepilze, aber auch vielen Arten, die durch ihre Schärfe ungenießbar sind. Die Schärfe der Pilze ist nicht zum Würzen geeignet. Bei den meisten Arten sind die typischen Sprödblättler-Merkmale deutlich zu erkennen. Der Frauen-Täubling mit seinen biegsamen Lamellen bildet eine Ausnahme. Täublinge sind sehr farbvariabel. Die Farben reichen von knallrot über violett, gelb, orange, grün bis hin zu verschiedenen Beige- und Brautönen. Die Schwarztäublinge sind sogar fast schwarz. Der Stiel hat nie einen Ring oder Grübchen wie einige Milchlinge. Der Hut ist glatt, nie filzig oder flaumig. Die meisten Arten haben keine kurzen Zwischenlamellen, die Lamellen sind alle gleich lang. Stiel und Hut eines Täublings passen im Verhältnis immer gut zusammen. Es gibt also keine sehr langen, kurzen, dicken oder dünnen Stiele, die nicht zur Größe des Hutes passen wollen. Mit der Zeit wird dir dieses immer gleiche Verhältnis sofort auffallen und du entwickelst einen „Täublingsblick".
Bei den Täublingen gibt eine Geschmacksprobe (S. 173) Aufschluss über die Essbar-

Der Birnen-Stäubling ist ein typischer Bauchpilz.

keit. Alle mild schmeckenden Täublinge sind essbar und dürfen in den Sammelkorb. Oft musst du ein paar Sekunden Geduld haben, bis sich der wahre Charakter zeigt.

BAUCHPILZE

Bei den Bauchpilzen werden die Sporen im Inneren der Fruchtkörper gebildet. Zu ihnen gehören die Stäublinge und Boviste. Viele kennen die kleinen braunen Gebilde aus der Kinderzeit, die sofort stauben, wenn man sie nur leicht berührt. Sie sind durchaus auch als Speisepilze interessant.

Stäublinge

Die 10 Pilzarten dieser Gruppe besitzen im Gegensatz zu den Bovisten einen Fußteil. Sie sind Folgezersetzer im Laub und in der Nadelholzstreu. Nur der Birnen-Stäubling wächst auf Baumstümpfen. Ihre Fruchtkörper sind weißlich und meist birnenförmig. Solange das Fleisch im Inneren weiß und fest ist, sind alle Arten essbar. Das kannst du leicht erkennen, wenn du die Pilze in der Mitte aufschneidest. Die Haut kann mit Stacheln oder kleinen Noppen besetzt sein. Zu dieser Gruppe gehören neben dem bis zum 20 cm großen Beutel-Stäubling, auch der Igel-Stäubling und der Flaschen-Stäubling.

Boviste

Boviste besitzen keinen Fußteil, sondern liegen direkt auf dem Boden. Die Gruppe umfasst 10 Arten. Auch bei ihnen gilt: Solange das Fleisch innen weiß und fest ist, sind die Pilze essbar. Der einzige giftige Bovist ist der Kartoffelbovist, dessen Inneres auch im jungen Zustand schon schiefergrau ist. Auf ihm wächst der parasitische Schmarotzerröhrling. Besonders der größte unter ihnen, der Riesenbovist, ist ein leckerer Speisepilz. Obwohl die tödlich giftigen Knollenblätterpilze zu einer gänzlich anderen Pilzgruppe gehören, können sehr kleine Exemplare kugelig sein. Schneide vermeintliche Boviste daher immer durch und schaue dir ihre Merkmale sorgfältig an.

MORCHELN

Morcheln läuten die Pilzsaison schon im Frühjahr ein. Je nach Region und Temperaturen kannst du schon im März die ersten finden. Sie haben eine wabenartige Hutstruktur, brüchiges Fleisch und einen hohlen Stiel. Es gibt 6 Arten, die alle essbar sind.

LEISTLINGE

Für Anfänger in der Pilzkunde ist der Unterschied zwischen Lamellenpilz und Leistling nicht immer leicht zu sehen. Während Lamellen relativ tief eingeschnitten sind,

Die Krause Glucke wirkt zart und fragil.

Das Fleisch des Judasohrs ist zäh und elastisch.

liegen die Leisten eher oberflächlich auf einem glatten Untergrund, ähnlich den Sockelleisten entlang eines Bodens. Alle Leistenpilze sind Speisepilze. Der bekannteste Vertreter ist der Pfifferling, aber auch der Trompeten-Pfifferling gehört dazu.

STOPPELPILZE

Die Fruchtschicht der Stoppelpilze besteht aus kleinen Stoppeln, die mit einer Lupe gut sichtbar sind. Sie werden auf den ersten Blick oft für Röhrlinge gehalten. Alle weichfleischigen und milden Arten sind essbar. Die bekanntesten Vertreter sind der Semmelstoppel- und Habichtspilz.

GLUCKEN

Einer der leckersten Speisepilze überhaupt, die Krause Glucke, gehört zur Gattung der Glucken, von denen es nur wenige Arten bei uns gibt. In ihrer Erscheinung erinnern sie mit ihren zarten gewellten Strukturen ein wenig an ein Gehirn oder eine Koralle. Sie haben jedoch nichts mit den Korallen- oder Stachelbartpilzen zu tun.

OHRLAPPENPILZE

In diese Gruppe gehört ein interessanter Speisepilz, das Judasohr. Zu finden in vielen asiatischen Gerichten und draußen in der Natur an Holundersträuchern. Ihre Fruchtkörper ähneln Ohrmuscheln, die an den Zweigen und Stämmen von Bäumen wachsen.

Pilze zubereiten

Pilze bestehen zu etwa 90 Prozent aus Wasser, 2–5 Prozent aus Eiweiß, 3–5 Prozent aus Kohlenhydraten und enthalten wertvolle Spurenelemente. Mit 20–40 Kilokalorien pro 100 Gramm gelten Pilze als kalorienarm und werden in der Lebensmittelpyramide der Gemüsegruppe zugeordnet. Weiter sind sie purinarm und deshalb bei Gicht und erhöhtem Harnsäurespiegel bestens zum Verzehr geeignet. Die Zellwände bestehen aus unverdaulichem Chitin, aus dem auch das Außenskelett der Insekten aufgebaut ist. In größeren Mengen sind Pilze daher schwer verdaulich.

ROHE PILZE UND EIN MYTHOS

Viele Pilzarten sind roh giftig und müssen vor dem Verzehr immer gut durchgebraten werden, das heißt sie müssen von von beiden Seiten und insgesamt mindestens 15–20 Minuten gegart werden. Ich habe schon einige falsche Pilzvergiftungen erlebt, weil Speisepilze wie beispielsweise der leckere Parasol zu kurz angebraten wurden und dann ebenfalls heftige Beschwerden auslösen können. Einige Giftstoffe, die in Pilzen vorkommen können, werden nur bei bestimmten Temperaturen und über eine gewisse Zeit abgebaut. Selbst Arten, keine Giftstoffe enthalten, sind aufgrund des Chitins in den Zellwänden nur schwer verdaulich und sollten ebenfalls gegart werden. Es spricht nichts gegen dünn über einen Salat gehobelte Champignonscheiben. Dabei sollte jedoch bedacht werden, dass Pilze von Kleinstlebewesen und Bakterien besiedelt sein können. Beim Erhitzen über einige Minuten und bei mindestens 60 Grad werden diese zuverlässig abgetötet. Der Mythos, man dürfe Pilze nicht aufwärmen, hält sich hartnäckig. Pilze und Pilzgerichte können jedoch im Kühlschrank in Glas-, Porzellan- oder Plastikbehältern bis zu 24 Stunden aufbewahrt und dürfen dann auch wieder erwärmt werden. Da durch Oxidationsprozesse giftige Substanzen entstehen können, dürfen Metallgefäße nicht verwendet werden.

PILZE UND ALKOHOL

Bis auf wenige Ausnahmen gibt es keine Hinweise, dass der gleichzeitige Verzehr von Pilzen und Alkohol zu Beschwerden führt. Der Faltentintling ist in Kombination mit Alkohol giftig, auch beim Netzstieligen Hexenröhrling sind zum Teil negative Reaktionen darauf bekannt. Zum Glück betrifft das aber nicht den sehr schmackhaften Flockenstieligen Hexenröhrling und den Schopftintling.

Steinpilze gehören zu den beliebtesten Speisepilzen.

Getrocknete Pilze werden am besten in luftdichten Gefäßen aufbewahrt.

Pilzpulver dient als aromatisches Gewürz.

PILZE TROCKNEN

Ich bin ein absoluter Freund des Dörrens. Neben Obst, Gemüse und Beeren können auch Pilze gedörrt werden. Dazu werden die Pilze in möglichst gleich dicke Scheiben oder Stücke geschnitten und über mehrere Etagen ins Dörrgerät gelegt. Du kannst sie auch bei leicht geöffneter Tür und niedriger Temperatur im Backofen trocknen. So wird aus einer größeren Menge frischer Pilzstücke eine Handvoll getrockneter Pilze. Du kannst sie in einem Kunststoff- oder Glasgefäß aufbewahren. Zur späteren Verwendung kannst du die getrockneten Pilze entweder in eine Schale mit Wasser legen. Willst du das Pilzwasser nicht nutzen, kannst du sie auch nur mit Wasser besprühen. So bleibt der Geschmack in den Pilzen erhalten und geht nicht mit dem Wasser verloren.

PILZPULVER

Bei manchen Pilzen wie beispielsweise dem Parasol ist der Stiel zäh und nur der Hut wird in der Pfanne gebraten. Die Stiele kannst du trocknen und zu Pilzpulver mahlen. Das mache ich auch bei anderen Pilzen, wenn die Konsistenz von Hut und Stiel zu unterschiedlich ist. Das Pulver eignet sich sehr gut als Gewürz in Suppen oder Soßen. Je mehr Arten du mischst, desto aromatischer wird es.

EINFRIEREN UND EINWECKEN

Du kannst Pilze auch einfrieren, um sie zu konservieren. Dazu werden sie in kleine Stücke geschnitten und portionsweise in Gefrierbeutel gegeben. Bei einigen Arten empfiehlt es sich, die Fruchtkörper zuvor für etwa eine Minute in kochendem Wasser und mit etwas Zitronensaft zu blanchieren. Dazu gehört der Pfifferling, denn er wird sonst beim Auftauen bitter. Wenn du die Pilze später verwendest, gib sie noch gefroren in die Pfanne, da sie beim Auftauen zu viel Wasser verlieren würden.

PILZPFANNKUCHEN

Pilze sind eine ausgezeichnete Zutat für herzhafte Pfannkuchen. Du kannst sie in der Pfanne anbraten und anschließend den Pfannkuchenteig direkt darübergeben. So kannst du die Pilzpfannkuchen besonders gut auch mit anderen Füllungen kombinieren. Alternativ kannst du die Pfannkuchen normal ausbacken und dann mit gebratenen Pilzen füllen.

PILZBUTTER

20 g getrocknete, nicht zu fein gemahlene Pilze mit 50 g Butter in eine Pfanne geben. Für etwa 15 Minuten erwärmen, leicht schäumen lassen, damit die Pilze die Butter langsam aufnehmen. Abkühlen lassen und die Pilzbutter mit weiteren 250 g weicher Butter vermischen. Nach Bedarf mit Salz, Pfeffer und Kräutern würzen. Schmeckt lecker auf einem Brot.

Gebratene Pilze eignen sich auch gut als Brotbelag.

PIZZA UND FLAMMKUCHEN

In dünne Scheiben geschnittene Pilze eignen sich wunderbar als Belag für Pizza oder Flammkuchen. Achte auch hier drauf, dass die Pilze mindestens 15 Minuten im Backofen waren. Geeignet sind Steinpilze, Hexenröhrlinge, Champignons und Pfifferlinge.

PILZPFANNE UND GEBRATENE PILZE

Eine Pilzpfanne ist die wohl klassischste Art, um Pilze zu genießen. Klein geschnittene Zwiebeln in Butterschmalz oder Butter glasig anbraten, dann die Pilze hinzugeben. Das Aroma ist umso vielfältiger, je mehr verschiedene Pilzarten dabei sind. Nach etwa 15 Minuten gebe ich kräftigen Schuss Sahne und Gewürze wie Salz, Pfeffer und Gemüsebrühe dazu. Zum Abschluss mit gehackten Kräutern verfeinern. Pilzpfannen passen prima zu Nudelgerichten oder Bratkartoffeln.

Pilze wie Parasol und Reizker eignen sich nicht für Pilzpfannen. Sie werden wie ein Schnitzel in der Pfanne gebraten. Achte auf eine ausreichende Garzeit!

Pilzbutter ist ein herzhafter vegetarischer Brotaufstrich.

Pilze passen ganz hervorragend auf einen Flammkuchen.

Flockenstieliger Hexen-Röhrling

Neoboletus erythropus · Dickröhrlinge · Mai–November

HUT: Durchmesser 8–20 cm, jung halbkugelig, später polsterförmig, dunkelbraun, teilweise auch gelb gescheckt, manchmal mit Olivton, dickfleischig, samtig, klebrig. Rötliche Färbung unter der Huthaut z. B. nach Schneckenfraß.
RÖHREN: Orange bis dunkelrote Röhrenmündungen. Bei sehr jungen Fruchtkörpern können diese auch gelb sein. Röhrenboden gelb. Bei Druck sofort blauend.
STIEL: 5–15 cm lang, 2–5 cm dick, mit rötlichen Flöckchen auf gelbem Grund.
FLEISCH: Gelb, sich bei Luftkontakt sofort schwarzblau verfärbend, nach einigen Stunden dann graugelb.
GESCHMACK: Mild.
GERUCH: Angenehm nach Pilzen.
SPORENPULVER: Olivbraun.
VORKOMMEN: Saure Mischwälder. Mykorrhizapilz überwiegend von Fichten und Buchen. Bereits ab Mai und bis in den Spätherbst. Einer der ersten ergiebigen Speisepilze.

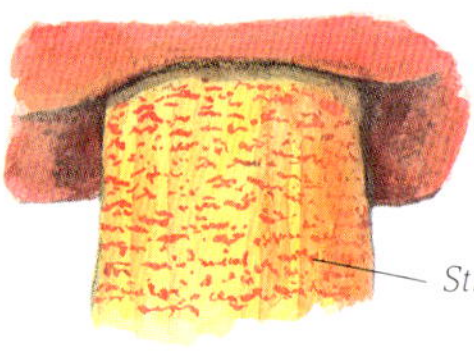

VIELEN NICHT GEHEUER

Ich bin schon oft kurz nach Steinpilz-Sammlern denselben Weg durch den Wald gegangen. Steinpilze waren natürlich keine mehr da, dafür zahlreiche abgeschnittene und zurückgelassene oder nicht beachtete Hexenröhrlinge. Selbst erfahrenen Sammlern ist die rote Röhrenfarbe und das starke Blauen nicht geheuer und verspeisen würde diesen Fund zu Hause ohnehin niemand. Tatsächlich verändern sich einige Pilzarten farblich, sobald das Fleisch mit Sauerstoff in Berührung kommt. Ihre Farbstoffe reagieren damit und werden umgewandelt. So kann die Farbe mehr oder weniger stark zu Schwarz, Gelb, Braun, Grün oder Blau umschlagen. Diejenigen, die sich trotzdem an den Flockenstieligen Hexen-Röhrling wagen, werden mit einer leckeren Pilzmahlzeit belohnt. Viele Menschen sind sogar der Meinung, dass er dem Steinpilz geschmacklich überlegen ist. Du findest ihn relativ häufig und bei entsprechenden Wetterverhältnissen schon ab Ende Mai. Weitere Namen für den wunderschönen Pilz sind Flocke, Zigeuner, Hexenpilz oder Schusterpilz.

Flammkuchen mit Hexen-Röhrlingen

Flammkuchenteig ausrollen und mit Schmand bestreichen. Hexen-Röhrlinge und Camembert in dünne Scheiben schneiden. Den Flammkuchen mit Pilzen, Camembert und getrockneten Tomaten belegen. Bei 210 Grad Umluft für 20 Minuten backen. Am Schluss mit Kräutern verfeinern. Traumhaft lecker!

Der Schönfuß-Röhrling hat ein Stielnetz, schmeckt meist bitter und blaut ebenfalls stark.

VERWECHSLUNGEN

Der Flockenstielige Hexen-Röhrling ähnelt dem giftigen Satans-Röhrling *(Rubroboletus satanas*, S. 189) und dem essbaren Netzstieligen Hexen-Röhrling (S. 188). Beide wachsen allerdings auf Kalkboden. Auch mit weiteren rotporigen Dickröhrlingen und mit dem Schönfuß- Röhrling *(Caloboletus calopus)* kann er verwechselt werden. Dieser blaut an Druckstellen ebenfalls, besitzt allerdings gelbe Röhren und ein Stielnetz ähnlich dem Netzstieligen Hexen-Röhrling. Der Schönfuß-Röhrling riecht außerdem etwas säuerlich und schmeckt meist bitter. Der Verzehr des Schönfuß-Röhrlings führt aufgrund seiner Bitterkeit zu heftigen Magen-Darm-Störungen, die bis zu 24 Stunden anhalten können. Besonders bei Menschen, die bitter nicht schmecken können, ist das problematisch.

Netzstieliger Hexen-Röhrling

Boletus luridus · Dickröhrlinge · Mai–Oktober

HUT: Durchmesser 8–20 cm, olivbraun, dunkelbraun, lederfarben oder graubraun, Oberfläche samtig bzw. fensterlederartig, blauend, zwischen Hutfleisch und Röhren rot gefärbt.
RÖHREN: Die Röhrenmündungen sind rot, der Röhrenboden ist gelb bis fast weinrot. Er wird sichtbar, wenn die Röhrenschicht abgelöst wird. Bei Druck sofort stark blauend.
STIEL: Deutlich erkennbare rötliche, rot- bis dunkelbraune Netzzeichnung auf dem gelblichen Stiel. Basis meist dunkler.
FLEISCH: Gelb, in der Basis weinrot. Bei Luftkontakt verfärbt es sich sofort schwarzblau.
GESCHMACK: Mild, nussig.
GERUCH: Angenehm nach Pilz.
SPORENPULVER: Olivbraun.
VORKOMMEN: Kalkhaltige Laubwälder oder Parkanlagen. Mykorrhizapilz von Linden und Birken. Frühling bis Spätherbst.

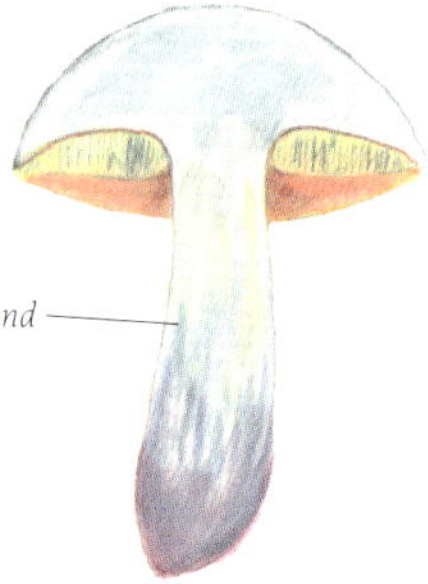

UNVERTRÄGLICH MIT ALKOHOL?

Gelegentlich führt der Verzehr des Netzstieligen Hexen-Röhrlings zusammen mit Alkohol zu Bauchschmerzen und Unwohlsein. Ich mache bei Vorträgen oder Seminaren immer darauf aufmerksam, persönlich habe ich allerdings noch nie einen solchen Fall erlebt. Der Pilz soll bei 1–5 Prozent der Bevölkerung zu Problemen führen, vor allem bei Menschen, die eher selten Alkohol trinken. Das Gift Coprin, welches beim Faltentintling in Kombination mit Alkohol wirkt, wurde beim Netzstieligen Hexen-Röhrling allerdings nicht nachgewiesen. So bleibt die Vermutung, dass die Beschwerden hauptsächlich auf individuelle Unverträglichkeiten zurückgeführt werden können. Sollten solche Beschwerden auftreten, vergehen diese ohne bleibende Schäden innerhalb weniger Stunden.

Für mich zählt der Netzstielige Hexen-Röhrling zu den besten heimischen Speisepilzen. Gelegentlich findest du ihn auch in Gärten, Parks und Friedhöfen, besonders gerne unter Linden und Birken. Wo du ihn findest, kann jedoch auch der Satans-Röhrling vorkommen.

Tipp

Aus Sicherheitsgründen ist es am besten, zunächst nur eine kleine Menge zu verzehren und auf Alkohol zu verzichten. Der Netzstielige Hexen-Röhrling muss für mindestens 20 Minuten in der Pfanne erhitzt werden. Zusammen mit anderen Pilzen eignet er sich prima für eine Pilzpfanne.

Der Satans-Röhrling hat einen hellen Hut, ein rötliches Netz und einen bauchigen Stiel.

VERWECHSLUNG

Der Satans-Röhrling ist der giftigste Pilz unter den Röhrlingen und hat dieselben Bodenansprüche wie der Netzstielige Hexen-Röhrling. Er hat einen auffälligen, hellen bis zu 20 cm großen Hut. Die Röhrenmündungen sind jung gelblichrot und nehmen mit zunehmendem Alter verschiedene Rottöne an. Der Röhrenboden ist gelb und das Fleisch verfärbt sich beim Anschneiden blau. Ein rötliches Netz überzieht den oberen Bereich des sehr dicken Stiels. Die Stielbasis ist knollig oder bauchig und die Stielspitze zugespitzt. Der Verzehr des Satans-Röhrlings führt bei den meisten Menschen zu heftigen Magen-Darm-Störungen. Weitere Verwechslungsmöglichkeiten bestehen mit anderen rotporigen Röhrlingen und dem Schönfuß-Röhrling (S. 187).

Fichten-Steinpilz

Boletus edulis · Dickröhrlinge · Juli–November

HUT: Durchmesser 4–20 cm, manchmal 25 cm, wildlederartig braun, verschiedene Brauntöne, weißer Rand, der lange eingerollt ist.
RÖHREN: Jung weißlich, zunehmend gelblich, gelbgrün, später olivgrün.
STIEL: Weißlich, bräunlich überfasert. Weißes Netz vorwiegend im oberen Bereich.
FLEISCH: Weißlich, sich nicht verfärbend, unter der Huthaut kurze rotbräunliche Zone. Sommer-Steinpilz unter der Huthaut weiß, Kiefern-Steinpilz ebenfalls rötlich.
GESCHMACK: Mild, pilzig.
GERUCH: Angenehm nach Pilz.
SPORENPULVER: Olivbraun.
VORKOMMEN: Mischwälder, sowohl in dunklen Fichtenwäldern als auch lichteren Buchenwäldern. Mykorrhizapilz von Fichten, Tannen, Kiefern sowie Buchen und weiteren Laubbäumen. Frühsommer bis Spätherbst.

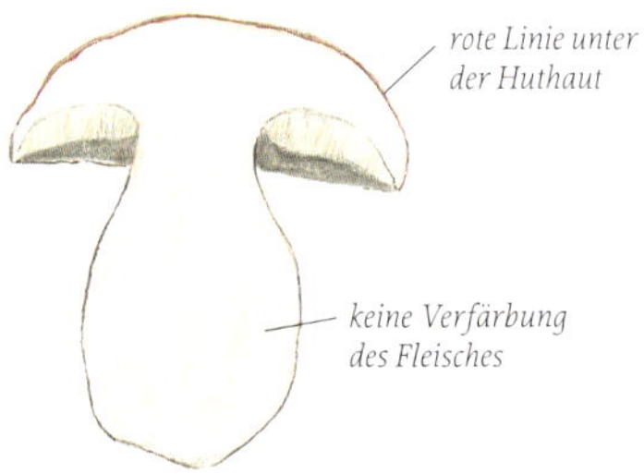

DIE STEINPILZ-FAMILIE

Es gibt nicht nur „den einen Steinpilz", sondern eine ganz Reihe teils sehr seltenere Arten wie den Kiefern-, den Sommer- oder den Birken-Steinpilz, deren Unterscheidung sehr schwierig ist. Für Pilzsammler ist das allerdings nicht so wichtig, denn verzehren kannst du alle. Der Fichten-Steinpilz kommt am häufigsten vor und lässt sich am weißen Hutrand und der rötlich braunen Farbzone unter der Huthaut gut erkennen. Da der Steinpilz in Deutschland unter Schutz steht, darf er nur für den Eigenbedarf gesammelt werden. Leider sieht man in den Sozialen Medien häufig Bilder, auf denen Unmengen an Pilzen gesammelt werden, die unmöglich alle rechtzeitig verarbeitet werden können.
Die jungen Fruchtkörper sind fest, haben einen dicken Stiel und die Röhren sind hell. Jetzt ist der optimale Sammelzeitpunkt. Mit zunehmendem Alter verfärben sich die Röhren gelbgrün. Sobald sie weich und matschig werden oder Madenbefall zu erkennen ist, sollte dieser Teil des Pilzes nicht mehr verzehrt werden. Die Röhrenschicht lässt sich mit einem Messer leicht entfernen. Das Fleisch darunter ist oft noch fest und zum Verzehr geeignet.

Sammeltipp

Steinpilze wachsen selten allein und oft neben dem bekannten Fliegenpilz, dem Pfeffer-Röhrling oder den Mehl-Räslingen. Sie schmecken wunderbar mit Zwiebeln in der Pfanne angebraten. Am besten mit etwas Sahne verfeinern und zu Semmelknödeln genießen.

Gallen-Röhrlinge haben ein braunes Netz und rosa Röhrenmündungen.

VERWECHSLUNG

Steinpilze werden vor allem mit dem Gallen-Röhrling *(Tylopilus felleus)* verwechselt. Er hat ein dunkles Stielnetz, mehr oder weniger rosa Röhren und schmeckt bitter. Zur Verwechslung kommt es vor allem, wenn du sehr junge, kleine Fruchtkörper sammelst und keine Geschmacksprobe machst. Der Irrtum ist gesundheitlich nicht bedenklich, das leckere Steinpilz-Gericht wird aber auf dem Kompost landen. Weitere Verwechslungsmöglichkeit sind der Schönfuß-Röhrling (S. 187) und der Wurzelnde Bitter-Röhrling *(Caloboletus radicans)*, die Magen-Darm-Beschwerden verursachen. Insbesondere der Wurzelnde Bitter-Röhrling macht seinem Namen alle Ehre und schmeckt sehr bitter. Verwechslungen mit anderen Steinpilzarten oder dem Maronen-Röhrling (S. 196) sind dagegen nicht problematisch.

Gemeiner Birkenpilz

Leccinum scabrum · Raufußröhrlinge · Mai – November

HUT: Durchmesser 4 – 12 cm, rötlich, graubraun, gelbbraun, rotbraun, bei Feuchtigkeit schmierig. Hutfläche ist jung halbkugelig, im Alter abflachend und unregelmäßig gewölbt. Die Huthaut ist meist verkürzt.
RÖHREN: Weißlich, später grau, im Alter schwammig. Auf Druck bräunend oder ockerliche Flecken bildend.
STIEL: Bis zu 15 cm lang und bis zu 2 cm dick. Dieser ist im Verhältnis zum Hut außergewöhnlich groß. Auf schmutzig weißlichem Grund schwärzliche Schuppen.
FLEISCH: Weißlich, unveränderlich, rötet nicht. Schneckenfraßstellen werden ockerfarben.
GESCHMACK: Keine Geschmacksprobe, roh giftig.
GERUCH: Neutral, Etwas pilzig.
SPORENPULVER: Gelbbraun.
VORKOMMEN: Mykorrhizapilz der Birken. Bevorzugt auf eher trockenen Böden.

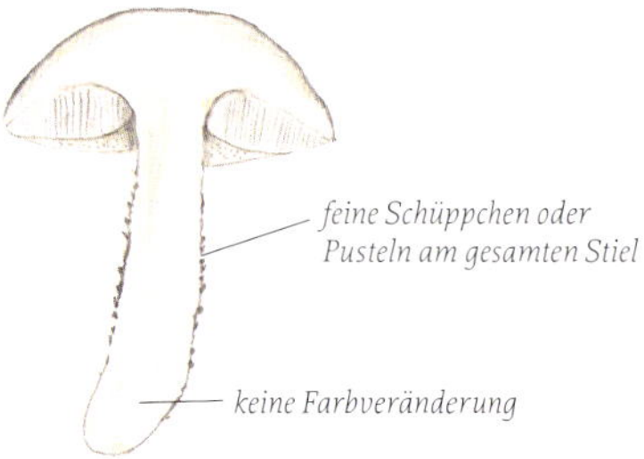

NICHT NUR EINER

Ich habe den Birkenpilz gefunden! Treffender wäre: Ich habe eine der 40 Arten aus der Gruppe der Birkenpilze gefunden. Sie zu unterscheiden ist höhere Pilzschule, für Speisepilzsammler aber vollkommen unerheblich. Es gibt einen beruhigenden Merksatz: „Alle Raufußröhrlinge sind essbar." Zu diesen gehören auch die Birkenpilze. Du musst dir vor dem Sammeln also lediglich sicher sein, dass es sich um einen Raufußröhling handelt.
Birkenpilze sind an ihrer zu kurz geratenen Huthaut gut zu erkennen. Sie kann die Röhrenschicht auf Dauer nicht komplett überdecken. Beim seitlichen Blick auf den Hut ist deutlich zu sehen, wie die Röhren darunter hervorquellen.
Sammle und verwerte nur junge Fruchtkörper, denn die Pilze werden im Alter schnell weich und der Stiel zäh. Die beste Möglichkeit, ihn zu finden, hast du direkt in der Nähe von Birken, sie sprießen aber auch weiter entfernt aus dem Boden, je nachdem wie weit die Birkenwurzeln reichen. Einmal habe ich Birkenpilze in einer Wiese entdeckt, obwohl die Birke mindestens 20 Meter entfernt stand.

Tipp

Alle Raufußröhrlinge sind roh unverträglich und führen zu Vergiftungserscheinungen. Hier gilt ganz besonders die dringende Empfehlung, die Pilze mindestens 15–20 Minuten zu braten. Die Röhrenschicht lässt sich leicht ablösen, falls sie schon zu weich für den Verzehr ist. Birkenpilze eignen sich prima für eine Mischpilzpfanne.

In der Nähe von Hainbuchen wächst als Pilzpartner der Hainbuchen-Raufußröhrling.

VERWECHSLUNG

Der Birkenpilz kann vor allem mit anderen Raufußröhrlingen verwechselt werden. Der Hainbuchen-Raufuß *(L. carpini)* ähnelt dem Gemeinen Birkenpilz am meisten. Im Gegensatz zu diesem verfärbt er sich beim Erhitzen schwarz. Das Fleisch des Rötenden Birkenpilzes *(L. oxydabile)* färbt sich beim Durchschneiden rosa oder rötlich. Der Schwärzliche Birkenpilz *(L. scabrum* var. *melaneum)* hat, wie der Name schon sagt, einen dunkleren, schwarzbraunen Hut. Der Verschiedenfarbige Raufußröhrling *(L. variicolor)* ist an einer oft gefleckten Huthaut gut zu erkennen, sein Fleisch verfärbt sich bei Verletzung blaugrün. Für die Bestimmung der Birkenpilze ist neben dem Begleitbaum auch die Verfärbung des Fleisches ein wichtiges Bestimmungsmerkmal.

Birken-Rotkappe, Heide-Rotkappe

Leccinum versipelle · Raufußröhrlinge · Juni–Oktober

HUT: Feinfilzig, dickfleischig. Er ist jung halbkugelig und verflacht mit zunehmendem Alter. Bei Feuchtigkeit schmierig und leicht klebrig. Unterschiedliche Braunrot-, Orangegelb- oder Orangerot-Töne.

RÖHREN: Zunächst weiß, später grau. Ausgebuchtet angewachsen, leicht ablösbar, im Alter schwammig.

STIEL: 8–20 cm lang und bis zu 3 cm dick, meist etwas gebogen bzw. schief wachsend. Weiße Grundfarbe mit schwärzlichen oder schwarzbraunen Schüppchen bzw. Flocken. An Druckstellen verfärbt sich der Stiel grünlich blau bis schwarz. Ringlos.

FLEISCH: Jung weiß. Bei Verletzungen oder auch mit zunehmenden Alter violettgraue Verfärbung.

GESCHMACK: Keine Geschmacksprobe, roh giftig.

GERUCH: Angenehm pilzig.

SPORENPULVER: Olivbraun.

VORKOMMEN: Mykorrhizapilz der Birke.

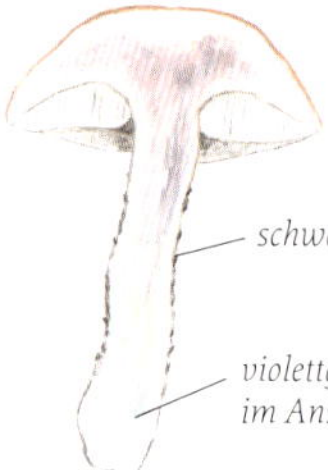

MIT GROSSER HUTHAUT

War die Huthaut bei den Birkenpilzen zu kurz, ist sie bei den Rotkappen meist zu lang geraten. Die rote Haut steht am Hutrand über oder ist nach innen zu den Röhren eingeschlagen.
Auch die Rotkappen gehören zu den Raufußröhrlingen und wie bei den Birkenpilzen gibt es zahlreiche verschiedene Arten, von denen jede ihren Begleitbaum hat, ohne den sie nicht wachsen kann.
Ich halte die Rotkappen für besonders gute Einsteiger-Pilze. Die rote Hutfarbe und der im Verhältnis zum Hut relativ lange Stiel mit den dunklen Schüppchen machen die richtige Zuordnung leicht.
Die Farbe der Schuppen oder Flocken am Stiel ist neben den Begleitbäumen ein zentrales Merkmal. Alle Pilze dieser Gattung sind Speisepilze und schmecken meiner Meinung nach deutlich besser als die Birkenpilze.
Die Birken-Rotkappe wird auch Heide-Rotkappe genannt. Als Birkenbegleiter wächst die Art sehr gern in Heidelandschaften auf sauren und sandigen Böden.

Tipp

Alle Rotkappen stehen in Deutschland unter Naturschutz und dürfen nur zum Eigenverzehr gesammelt werden. Sie haben festeres Fleisch und werden lange nicht so schnell weich, wie Birkenpilze. Auch Rotkappen müssen ausreichend lang gebraten werden. Wundere dich nicht, wenn das Fleisch dabei schwarz wird. Geschmacklich ist das kein Problem!

Die ähnliche Espen-Rotkappe wächst am Fuß von Zitter-Pappeln.

VERWECHSLUNG

Alle Rotkappen sind essbar und haben keine gefährlichen Doppelgänger. Möchtest du deinen Fund genau bestimmen, solltest du dir nicht nur den Pilz, sondern auch die Bäume am Fundort ganz genau anschauen. Gerade bei den Raufußröhrlingen wird dir vor Augen geführt, wie Bäume und Pilze eine unzertrennliche Gemeinschaft bilden. So wächst bei der Fichte die Fichten-Rotkappe *(L. piceinum)*, bei der Birke die Birken-Rotkappe und bei der Espe die Espen-Rotkappe *(L. aurantiacum)*. Achte auch darauf, wie sich das Fleisch beim Anschneiden farblich verändert. Die Eichen-Rotkappe *(L. quercinum)* wird im Anschnitt schwach rosa-grauviolett, die Espen-Rotkappe langsam graulila bis grauschwarz. Espen- und Birken-Rotkappe verfärben sich beim Kochen schwarz. Pilzkunde heißt genau hinzuschauen.

Maronen-Röhrling

Imleria badia · Früher Filzröhrlinge · Juli – November

HUT: Durchmesser 3 – 15 cm, jung halbkugelig im Alter abgeflacht, dunkel- bis hellbraun oder olivbraun, mit rötlichem Schimmer, bei trockenem Wetter wildlederartig, bei Feuchtigkeit schmierig und glänzend.

RÖHREN: Klein bis mittelgroß, ablösbar und ausgebuchtet angewachsen. Diese sind jung cremefarben und verfärben sich zunehmend grün-gelblich. Auf Druck schnell blaugrün werdend.

STIEL: 5 – 12 cm lang, 1 – 5 cm dick. Dieser ist bräunlich bis gelbbraun, zylindrisch und hat keine Netzzeichnung. Der Mittelteil ist meist etwas dunkler, bauchig und längs gefasert. Die oft zugespitzte Basis ist weißlich.

FLEISCH: Weißlich bis hellgelb, blaut stark beim Anschneiden oder nach Druck.

GESCHMACK: Mild, leicht nussig.

GERUCH: Pilzartig angenehm, schwach säuerlich.

SPORENPULVER: Olivbraun.

VORKOMMEN: Mischwälder, in Nadelwäldern besonders bei Fichten und Kiefern, gerne auf trockenen und sauren Böden, Mykorrhizapilz, Sommer bis Spätherbst. Charakterpilz der Beerenstrauch-Fichtenwälder.

FARBE WIE MARONEN

Kein Wunder, dass er Maronen-Röhrling heißt, denn seine Hutfarbe erinnert tatsächlich stark an Maronen. Er gehört neben dem Steinpilz und dem Pfifferling zu den meistgesammelten Pilzen. Meiner Meinung nach ist die „Braunkappe", wie der Pilz auch genannt wird, dem Steinpilz geschmacklich ebenbürtig. Die größten Chancen, ihn zu finden, hast du in Fichtenwäldern.

Die Einordnung in eine der Röhrlingsgruppen ist je nach Witterung gar nicht so einfach. Ist es trocken, dann ist die Huthaut samtig und man könnte einen Filzröhrling vermuten. Bei Regen ist sie allerdings schmierig und glänzend, wie bei einem Schmierröhrling. Tatsächlich gehörte der Maronen-Röhrling früher zur Gattung der Filzröhrlinge, die Systematik der Pilze ändert sich aufgrund neuer Erkenntnisse jedoch häufig und so ist seine Zuordnung momentan nicht ganz klar. Am typisch maronenfarbenen Hut und am starken Blauen noch junger Exemplare können auch Einsteiger ins Pilzesammeln diesen Pilz relativ leicht sicher erkennen. Ältere Pilze blauen meist nur noch wenig oder gar nicht mehr, sondern verfärben sich braun. Ein deutlicher Hinweis, diesen Fruchtkörper nicht zu verzehren! Maronen-Röhrlinge gehören leider zu den Pilzen, die auch viele Jahre nach Tschernobyl, in den betroffenen Gebieten besonders stark Cäsium 137 anreichern.

Aufgrund der brauen Kappe kann man die Marone mit dem seltenen Anhängsel-Röhrling verwechseln.

VERWECHSLUNG

Junge Maronen-Röhrlinge ähneln stark jungen Gallen-Röhrlingen (S. 191), deren Netz noch nicht deutlich ausgeprägt ist. Hier hilft im Zweifelsfall die Geschmacksprobe, denn der Gallen-Röhrling schmeckt bitter. Weitere Verwechslungsmöglichkeiten sind unproblematische Röhrlinge wie Steinpilz (S. 190), Ziegenlippe (S. 200), Rotfuß-Röhrling (S. 198), Sand-Röhrling (S. 208) und Anhängsel-Röhrling *(Butyriboletus appendiculatus)*, aber auch der leicht giftige Schönfuß-Röhrling (S. 187).

Pilzküchle

500 g Maronen-Röhrlinge und eine Zwiebel fein würfeln und in Butter andünsten. Die Brötchen in grobe Stücke schneiden und in etwas Milch einweichen. Anschließend Brötchen, die Pilz-Zwiebel-Mischung, ein Ei, 3 EL Paniermehl, Salz, Pfeffer, Muskatnuss und gehackte Petersilie vermischen und zu gleich großen Küchle formen. In Öl ausbacken und genießen.

Echter Rotfuß-Röhrling

Xerocomellus chrysenteron · Filzröhrlinge · Mai–November

HUT: Durchmesser 4–10, polsterförmig, bräunlich, filzig, samtig, später auffällig aufgerissen, Rotfärbung zwischen Huthaut und Fleisch und an Fraßstellen.
RÖHREN: Relative große Poren, gelb oder olivgelb, angewachsen und etwas herablaufend. Auf Druck schnell blauend.
STIEL: 2–12 cm lang, 0,7–3 cm dick. Kein Netz, meist schlank, oberer Bereich lebhaft gelb, unten karmin- bis weinrot und rötlich punktiert.
FLEISCH: Gelblich, manchmal blau färbend.
GESCHMACK: Säuerlich.
GERUCH: Nach Pilz, etwas säuerlich bis neutral.
SPORENPULVER: Olivbraun.
VORKOMMEN: In Mischwäldern. Mykorrhizapilz von verschiedenen Laub- und Nadelbäumen, Frühsommer bis Herbst, sehr häufig.

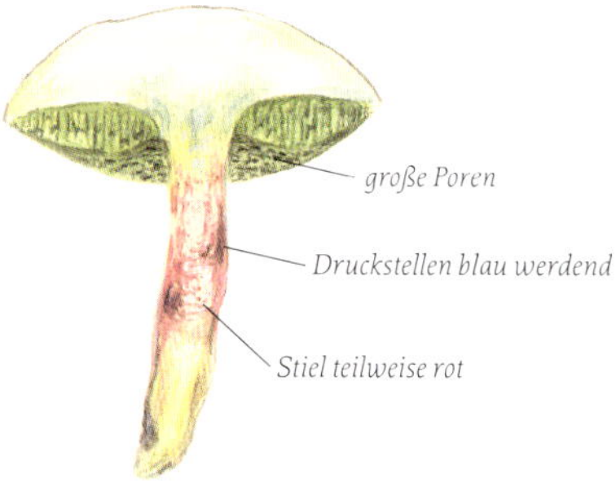

ROTFÜSSCHEN

Wie der Name schon sagt, ist bei Rotfuß-Röhrlingen besonders der untere Teil des Stiels oft rot überhaucht. Auffällig rot gefärbt sind außerdem die Fraßstellen von Schnecken am Hut. Vom Speisewert würde ich sie eher in der zweiten Reihe ansiedeln. Sie werden oft schon in jungem Zustand von einem Schimmelpilz, dem Goldschimmel, befallen. Sobald du auf dem Hut einen weißen Belag entdeckst, ist der Pilz nicht mehr zum Verzehr geeignet. Goldschimmel befällt meist vom Hut ausgehend den kompletten Fruchtkörper. In einigen seltenen Fällen kann es durch individuelle Unverträglichkeiten zu Unwohlsein nach dem Genuss des Rotfuß-Röhrlings kommen. In diesem Fall musst du auf den Verzehr zukünftig verzichten. Der Rotfuß-Röhrling und andere Pilze, die keinen überragenden Eigengeschmack haben, eignen sich ganz besonders für eine gemischte Pilzpfanne, zum Trocknen oder auch als Pilzpulver. Je mehr verschiedene Arten und Aromen darin enthalten sind, desto leckerer wird sie.

Mischpilzpfanne

Pilze, beispielsweise verschiedene Röhrlinge, Täublinge, Champignons usw., reinigen und in mundgerechte Stücke schneiden. Eine Zwiebel und eine Knoblauchzehe würfeln und in Butter oder Öl andünsten. Pilze zugeben und für ca. 20 Minuten anbraten. Mit Sahne verfeinern und mit Salz, Pfeffer oder auch verschiedenen Kräutern nach Belieben würzen. Zum Schluss noch etwas gehackte Petersilie zugeben. Als Beilage passen Semmelknödel.

Das Fleisch des Herbst-Rotfußes ist intensiv gelb gefärbt.

VERWECHSLUNG

Den Rotfuß-Röhrling kannst du mit weiteren Speisepilzen wie dem Maronen- Röhrling (S. 196) verwechseln. Herbst-Rotfuß *(Xerocomellus pruinatus)* hat einen dickeren Stiel und ist fester, der Stiel des Falschen Rotfuß-Röhrlings *(Xerocomus porosporus)* färbt sich beim Anschneiden oder, wenn der Pilz gequetscht wird, schwärzlich. Zu den Verwechslungsmöglichkeiten zählen auch weitere Rotfußröhrlinge, die Ziegenlippe (S. 200) und der leicht giftige Schönfuß-Röhrling (S. 187).
Die Gruppe der Rotfußröhrlinge erkennst du an ihren gelben Röhren und der Rotfärbung unter der filzigen Huthaut. An ihrem rötlich punktierten Stiel findest du kein Netz und sie besitzen keine Knolle. Das Fleisch ist gelblich, blaut bei manchen Arten und schmeckt mild. Leider werden sie alle gern von Maden besucht.

Ziegenlippe

Xerocomus subtomentosus · Filzröhrlinge · Juli–Oktober

HUT: Durchmesser 4–10 cm, graubraun, polsterförmig, gelblich bis bräunlich, filzige und wildlederartige Huthaut. Leichte rosa Färbung unter der Huthaut.

RÖHREN: Ausgebuchtet am Stiel angewachsen. Jung leuchtend goldgelb, ockergelb, später gelb- bzw. grünbraun. Auf Druck leichte Blaufärbung, die sich zunehmend bräunlich verfärbt.

STIEL: 5–8 cm lang und bis zu 2 cm dick. Weiß, gelb, oft bräunlich fleckig. Zuweilen verdreht und mehr oder weniger schwach längsrillig. Stielspitze meist mit Rippen. Die Basis ist etwas zugespitzt und mit anhängenden Myzelteilen besetzt.

FLEISCH: Weißlich, cremegelb bis blassgelb. Bei Druck schwach blauend.

GESCHMACK: Mild.

GERUCH: Nicht auffallend. Neutral.

SPORENPULVER: Olivbraun.

VORKOMMEN: Bevorzugt in Laubwäldern auf neutralen, lehmigen und basenreichen Böden. Weniger im Nadelwald. Mykorrhizapilz. Sommer bis Herbst.

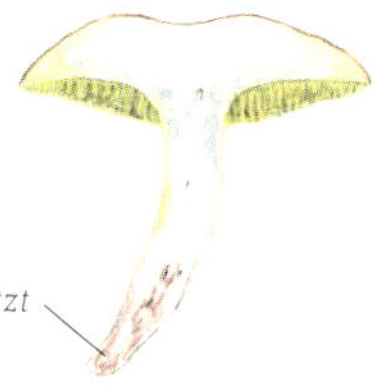

LEUCHTEND GELBE RÖHREN

Die Ziegenlippe gehört zu den Filzröhrlingen und zeigt deren typischen Merkmale. Streicht man darüber, spürt man die wildlederartige, feinfilzige und samtige Hutoberfläche sehr deutlich. Leicht zu merken und eine wichtige Botschaft: Alle Filzröhrlinge sind essbar. Ein markantes Bestimmungsmerkmal der Ziegenlippe sind die leuchtend gelben Röhren junger Exemplare. Mit zunehmendem Alter werden sie gelb-grünlich. Unter leichtem Druck können die Röhren leicht blauen. Der Stiel ist immer ohne Ring. Pilze, die in Mischwäldern mit Bäumen in Symbiose leben, sind bei der Wahl ihres Partners oft nicht sehr wählerisch. So ist es auch bei der Ziegenlippe, die mit unterschiedlichen Baumarten, sowohl Laub- als auch Nadelbäumen, eine Symbiose eingeht. Du findest diesen Pilz vor allem bei Buchen in den sogenannten Waldmeister-Buchenwäldern, die sich durch diese beschreibenden Pflanzenarten auszeichnen. Außerdem wachsen sie in Eichen-Hainbuchenwäldern, eine weitere Waldgesellschaft, die durch Charakterarten beschrieben wird. Zu guter Letzt findet man die Ziegenlippe in Wäldern mit Fichte und Tanne sowohl auf Kalk als auch saurem Untergrund.

Der Blutrote Filzröhrling (X. rubellus) hat einen rotbrauen Hut und wächst vor allem bei Eichen.

Gegrillte Pilze

Einige Pilze eignen sich wunderbar zum Grillen. Dazu gehören Steinpilze, Champignons, Maronen-Röhrlinge und Ziegenlippen. Pilze putzen und Stiele von den Hüten trennen, Stiele längs in Streifen schneiden. Hüte und Stielstreifen mit Öl und Knoblauchpulver bestreichen und langsam grillen. Mit Salz und etwas Pfeffer nachwürzen.

VERWECHSLUNG

Die Ziegenlippe kann mit weiteren Filz-, aber auch Schmierröhrlingen wie dem Sand- und dem Kuh-Röhrling verwechselt werden. Pilzexperten sind sich noch uneinig, ob es mehrere Ziegenlippenarten gibt oder die feinen Unterschiede lediglich Varietäten sind.

Eine ähnliche Art ist der Braune Filzröhrling *(X. ferrugineus)*. Dieser hat blasseres Fleisch, einen bräunlichen Stiel mit Netzzeichnung und blaut nicht. Außerdem gibt es den Samtigen Filzröhrling *(X. lanatus)*, der nach Schwefel riecht und ein Stielnetz von der Stielmitte bis zur Spitze besitzt. Wie gesagt, essbar sind sie alle.

Butterpilz

Suillus luteus · Schmierröhrlinge · Juni–November

HUT: Durchmesser 4–10 cm, schokoladenbraun, z. T. mit leichtem Rotstich. Jung halbkugelig, später flacher werdend. Sehr schleimiger Hut mit leicht abziehbarer Haut.
RÖHREN: Bei jungen Exemplaren sind die Röhren durch einen häutigen Schleier verdeckt, der vom Hutrand bis zum Stiel reicht. Röhren zitronengelb, rund, etwa 1–2 mm groß.
STIEL: Weißlich, kurz und stabil. Häutiger Schleier wird mit zunehmendem Alter zu einem hängenden weißen Ring, oberhalb dessen sich eine gelbliche Zone mit dunkleren Drüsenpunkten befindet.
FLEISCH: Gelblich. Keine Verfärbung bei Druck.
GESCHMACK: Mild, manchmal leicht sauer.
GERUCH: Obstartig.
SPORENPULVER: Olivockerbraun.
VORKOMMEN: Mykorrhizapilz von Kiefern. Auch auf sehr trocknen Standorten, einzeln oder in Gruppen wachsend.

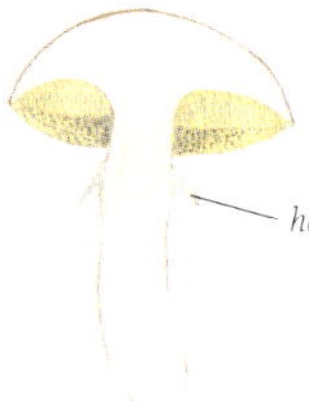

BESSER OHNE HAUT

Der Butterpilz ist noch unter anderen Namen bekannt. Ganz besonders treffend sind Kieferling und Beringter Gelber Röhrenpilz. Beide Bezeichnungen beschreiben, wo er wächst, und, wie man ihn erkennen kann.
Je nach Wetterlage und Standort ist die sehr schleimige Huthaut unter anderem oft mit Nadeln von Kiefern verschmutzt, die daran kleben bleiben. Es gibt immer wieder Berichte, dass einige Menschen nach dem Verzehr der dieser Haut unter Verdauungsproblemen leiden. Da sie sich sehr leicht entfernen lässt, kannst du dieser Gefahr leicht aus dem Weg gehen, indem du sie vor der Zubereitung abziehst. Da er an Kieferstandorten zuverlässig vorkommt, ist er einer der beliebtesten Speisepilze.
Seine lange Wachstumsphase macht ihn zusätzlich interessant. Erste Fruchtkörper kannst du schon im Juni finden und bei sehr milden Temperaturen, noch bis in den November. Es ist wichtig ist, dass du nur einwandfreie Pilze sammelst und diese bald verwertest, denn das Fleisch wird meist schnell schwammig.

Butterpilze mit Zucchini

Butterpilze und eine Zwiebel würfeln. Pilze und Zwiebeln mit etwas Kräuterbutter für 15 Minuten andünsten. Etwas Crème fraîche dazugeben und nach Wunsch würzen. Eine Zucchini halbieren und aushöhlen. Zucchinihälften mit den Pilzen füllen und im Backofen für etwa 15 Minuten mit Käse überbacken.

Dem Ringlosen Butterpilz (S. collinitus) fehlt der Ring und er hat eine rosa Stielbasis.

VERWECHSLUNGSGEFAHR

Alle hier beschriebenen Verwechslungsmöglichkeiten sind unproblematisch.
Der Butterpilz kann lediglich mit anderen Pilzen aus der Gattung der Schmierröhrlinge verwechselt werden, die nicht giftig sind.
Am häufigsten kommt es zu Verwechslungen mit dem Ringlosen Butterpilz *(S. collinitus)*, der tatsächlich am selben Standort vorkommen kann. Er besitzt keinen Ring und eine gut sichtbare rosa Stielbasis. Auch mit dem Gold-Röhrling *(S. grevillei*, S. 204) wird er häufiger verwechselt, der jedoch ausschließlich mit der Lärche in einer Lebensgemeinschaft wächst. Der Körnchen-Röhrling *(S. granulatus*, S. 207) zeigt im jungen Zustand milchige Tropfen an den Röhren und besitzt keinen Ring. Der Kuh-Röhrling *(S. bovinus*, S. 206) hat große, eckige Röhrenmündungen.

Gold-Röhrling

Suillus grevillei · Schmierröhrlinge · Juni – November

HUT: Durchmesser 5 – 12 cm. Sehr schleimig, schmierig, hell- bis zitronengelb, später orange-rötlich. Junge Fruchtkörper sind polsterförmig, mit zunehmendem Alter dann eher flach.

RÖHREN: Röhrenöffnungen 2 – 3 mm groß und rund. Bei jungen Exemplaren komplett von einer häutigen Hülle umschlossen. Bei Druck wird die Röhrenschicht braun bzw. verfärbt sich rosa-lila.

STIEL: Bis zu 8 cm lang. Schleimige Ringzone. Oberhalb der Ringzone gelblich wie die Röhrenschicht, unterhalb bräunlich gefasert.

FLEISCH: Blass- bis zitronengelb, weich und schwammig, sich zuweilen rosa-lila verfärbend, selten auch etwas blauend. Im Hutbereich oft heller gelb.

GESCHMACK: Mild und/oder leicht säuerlich

GERUCH: Angenehm pilzig.

SPORENPULVER: Gelblich-braun.

VORKOMMEN: Mykorrhizapilz der Lärche. Extrem selten auch unter Douglasien.

PASSEND BENANNT

Sein Name beschreibt sein Aussehen mehr als treffend, denn er ist beinahe überall „golden". Für mich ist dieser auffällige Pilz ein Musterbeispiel dafür, wie man sich neue Arten einprägen kann. Hast du ihn einmal bewusst am Standort wahrgenommen und in der Nähe von Lärchen entdeckt, wirst du ihn in Zukunft schnell und sicher als Gold-Röhrling wiedererkennen. Die Bodenbeschaffenheit spielt dabei eine untergeordnete Rolle. Ich habe schon einige Male zuerst die Fruchtkörper gefunden und mich dann auf die Suche nach der Lärche gemacht. Diese stehen manchmal erstaunlich weit entfernt. Das zeigt, wie weitläufig die Wurzeln und Myzelien wachsen können. Die schleimige Huthaut ist nicht jedermanns Sache und führt in seltenen Fällen auch zu Unverträglichkeitsreaktionen wie Unwohlsein und grippeähnlichen Beschwerden. Im feuchten Zustand kannst sie relativ leicht entfernen, bei Trockenheit dagegen nur schwer bis gar nicht.

VERWECHSLUNG

Ebenfalls bei der Lärche wächst der Rostrote Lärchen-Röhrling *(S. tridentinus)*. Sein Hut ist mehr oder weniger rostfarben und ist nur bei Feuchtigkeit klebrig. Weiter besitzt er rostbraune Röhren, die relativ groß sind. Obwohl beide am gleichen Standort wachsen können, sind die Pilze anhand ihrer Farbe gut zu unterscheiden. Weitere Verwechslungen sind mit anderen essbaren Pilzen aus der Gruppe der Schmierröhrlinge möglich. Dazu gehören der Graue Lärchen-Röhrling *(S. viscidus)*, der Kuh-Röhrling (S. 206), der Butterpilz (S. 202) und der Sand-Röhrling (S. 208). Du kannst sie anhand ihrer Farbe und der Begleitbäume unterscheiden. Farblich kommen dem Gold-Röhrling junge Exemplare einiger sehr giftiger Schleierlinge nahe, wie beispielsweise der Schöngelbe oder der Dottergelbe Klumpfuß *(Cortinarius splendens* und *C. meinhardii)*. Sie sind allerdings Lamellenpilze und damit leicht zu unterscheiden.

Dem Grauen Lärchen-Röhrling fehlen die goldgelben Röhren und der farbintensive Hut.

Im Mischpilzgericht

Der Gold-Röhrling gehört nicht zu den besten Speisepilzen. Da sein Fleisch relativ schnell schwammig wird, sollte er möglichst bald nach dem Sammeln in einem Mischpilzgericht verarbeitet werden. Um Unverträglichkeiten durch den „Rohgenuss" zu vermeiden, unbedingt für mindestens 15 Minuten erhitzen.

Kuh-Röhrling

Suillus bovinus · Schmierröhrlinge · Juni–November

HUT: Durchmesser 4–10 cm. Jung polsterförmig, verflacht mit zunehmendem Alter verflacht. Der scharfkantige Hutrand ist meist wellig gebogen. Die ockergelbe bis bräunliche, glatte und kahle Huthaut ist insgesamt ledrig, bei Feuchtigkeit schmierig, bei Trockenheit eher glänzend.
RÖHREN: Olivgelb, am Stiel angewachsen und mehr oder weniger daran herablaufend. Auffallend große, längliche bis unregelmäßig eckige Röhrenmündungen. Röhrenschicht nur schwer vom Fleisch ablösbar.
STIEL: 3–8 cm lang, bis zu 2,5 cm dick. Gleiche Farbe wie der Hut. Ringlos, zuweilen leicht verbogen, mit spitz zulaufender Stielbasis, welche einen rötlichen oder rosa Schimmer haben kann.
FLEISCH: Weißlich oder blassgelb, etwas zäh und elastisch. Im Hut sehr selten im Hut minimal blauend, im Stiel nicht blauend.
GESCHMACK: Säuerlich bis süßlich.
GERUCH: Geruchlos bis schwach säuerlich.
SPORENPULVER: Olivgrün bis blass olivbraun.
VORKOMMEN: Mykorrhizapartner der Kiefer. Vom Sommer bis Spätherbst zu finden. Saure und nährstoffarme Böden.

ÜBERRASCHUNG IN DER PFANNE

Hast du einen Pilz mit klebrigem und schmierigem Hut als Röhrling identifiziert und er besitzt große, besonders zum Stiel hin lang gezogene, eckige Röhrenmündungen, gibt es kaum noch Zweifel, dass du einen Kuh-Röhrling gefunden hast. Bei der Zubereitung in der Pfanne sollten dann die allerletzten Bedenken verschwinden. Die Fruchtkörper verfärben sich dann pink. Einerseits bringt das Farbe ins Essen, kann beim ersten Mal aber auch Angst machen. Den Geschmack beeinflusst diese farbliche Veränderung nicht.

Der Pilz wächst sowohl als einzelner Fruchtkörper, aber auch zu mehreren an einem gemeinsamen Strunk. Ich empfehle, nur junge Kuh-Röhrlinge zu sammeln, ältere sind schnell zäh und meist madig. Bei diesem Pilz zeigt sich eine der engen Lebensgemeinschaften in unseren Wäldern besonders schön. Der Kuh-Röhrling ist über sein Myzel mit den Wurzelspitzen von Kiefern verbunden und zugleich wächst parasitär auf seinem Myzel der ebenfalls essbare Rosenrote Gelbfuß.

Der Körnchen-Röhrling (S. granulatus) hat einen punktierten Stiel und tropft milchig.

Pilzpulver

Der Kuh-Röhrling eignet sich wunderbar für alle möglichen Mischpilzgerichte. Er ist ideal zur Herstellung eines Pilzpulvers geeignet, mit verschiedene Gerichte gewürzt werden können. Je mehr verschiedene Pilze darin enthalten sind, desto aromatischer wird das Pulver. Pilze säubern und gut trocknen lassen. Auch die weniger schmackhaften Stiele vieler Arten sind dafür geeignet. Dann fein mahlen und trocken lagern.

VERWECHSLUNG

Besonders innerhalb der Schmierröhrlinge kann der Kuhröhrling mit anderen Schmierröhrlingen verwechselt werden. Da sie alle essbar sind, ist das kein Problem. Dafür kommt der Sand-Röhrling (S. 208) am ehesten in Betracht. Tatsächlich habe ich das auch schon erlebt. Ein Pilzsammler zeigte mir voller Stolz seine „Kuhschmerlinge“ – ein anderer Name für den Kuh-Röhrling. Im Korb lagen allerdings ausschließlich Sand-Röhrlinge. Als Verwechslungsmöglichkeiten kommen auch der Rostrote und der Graue Lärchen-Röhrling (S. 205), der Körnchen- Röhrling, der Hohlfuß-Röhrling *(Boletinus cavipes)*, die Ziegenlippe (S. 200) oder auch der Erlen-Grübling *(Gyrodon lividus)* infrage.

Sand-Röhrling

Suillus variegatus · Schmierröhrlinge · Juni–November

HUT: Durchmesser 4–15 cm. Huthaut auch bei älteren Exemplaren polsterförmig. Wie mit Sand bestreut und höchstens bei sehr feuchter Witterung etwas schmierig, ansonsten immer trocken. Hutrand jung leicht überstehend, meist mit scharfem Rand. Farbe gelb, gelbocker, fahlgelb, semmelgelb, ockerbraun bis olivocker.

RÖHREN: Ockergelb, jung olivbraun, alt olivgrün. Röhrenmündungen fein, graugelb, olivgelb, rundlich bis leicht eckig. Kaum vom Fleisch lösbar und etwas herablaufend. Gelber Röhrenboden.

STIEL: 5–10 cm lang, bis zu 3 cm breit. Ringlos und heller als der Hut. Zylindrisch bis keulig, gefüllt, glatt bis schwach filzig, braunkörnig überreift und zur Basis verdickt. Bei Verletzung leicht bis mittelstark blauend.

FLEISCH: Im Anschnitt schwach blauend und ausblassend. Gelblich, blassgelb oder leicht orange.

GESCHMACK: Mild, angenehm pilzartig bis etwas säuerlich.

GERUCH: Sehr pilzig angenehm bis etwas säuerlich.

SPORENPULVER: Olivbraun.

VORKOMMEN: Mykorrhizapartner der Kiefer. Auf sauren, eher sandigen Böden.

ERINNERT AN SANDPAPIER

Die Huthaut des Sand-Röhrlings gab ihm seinen Namen. Er ist der trockenste aller Schmierröhrlinge und nichts an ihm ist schmierig. Die Huthaut ist etwas angeraut, feinkörnig und filzig wie Sandpapier. Von oben betrachtet wirkt der Pilz wie mit Sommersprossen bedeckt und wird deshalb auch Sommersprossen-Röhrling genannt.

Er gilt als der leckerste aller Schmierröhrlinge. Sein gesamter Habitus ist kompakt und das Fleisch sehr fest. Wie die meisten anderen Schmierröhrlinge wächst er in einer Lebensgemeinschaft mit der Kiefer, vor allem auf sauren Böden. Du findest den Pilz oft in der Nähe von Heidelbeeren und Heidekraut, in Heidelandschaften oder auch entlang von Mooren. An diesen Standorten kommt auch der Maronen-Röhrling gern vor. Unter Druck blaut das Fleisch des Sand-Röhrlings leicht, die Färbung verschwindet aber nach einer gewissen Zeit wieder. Die Huthaut lässt sich nur schwer oder gar nicht abziehen. Da er bei Weitem nicht so oft von Maden befallen wird wie andere Röhrlinge, ist er für Pilzsammler besonders interessant.

Der Pfeffer-Röhrling (Chalciporus piperatus) schmeckt pfeffrig-scharf und hat eine rostbraune Farbe.

Sand-Röhrling in Knödeln

Ca. 200 g Pilze in möglichst gleich große Stücke von ca. 1,5 × 1,5 cm und eine Zwiebel in feine Würfel schneiden. Für mindestens 15 Minuten in Butter anbraten. Mit Salz und Pfeffer abschmecken. Einige der Pilze in die Mitte einer Portion Knödelteig – es gibt ihn fertig zu kaufen, du kannst ihn aber auch selbst herstellen – einschlagen und zu einem Knödel formen. In kochendem Wasser garen. Semmelbrösel in Butter anbräunen und die Knödel darin wälzen.

VERWECHSLUNG

Der Sand-Röhrling ist recht eindeutig zu erkennen. Unproblematische Verwechslungen mit anderen Schmierröhrlingen können vorkommen, allen voran mit dem Kuh-Röhrling (S. 206) mit seinen markanten, etwas am Stiel herablaufen eckigen Röhren. Hinzu kommen der Rostrote und der Graue Lärchen-Röhrling (S. 205), die Ziegenlippe (S. 200) sowie der seltene Kornblumen-Röhrling. Diesen erkennst du an seinem sehr stark blauenden Fleisch. Der ähnliche Pfeffer-Röhrling wächst gerne bei Fichten und ist brennend scharf. Hier kann eine Geschmacksprobe sofort für Klarheit sorgen.

Edel-Reizker, Kiefern-Reizker

Lactarius deliciosus · Milchlinge · August–Oktober

HUT: Durchmesser 4–10 cm. Fest und kompakt. Ocker, orange, rötlich silbrig oder weißlich bereifte Huthaut. Huthaut mit einem konzentrisch getropft-fleckigen Muster versehen. Verfärbt sich nach einiger Zeit und bei Verletzung grünlich.
LAMELLEN: Kräftig orange. Grüne Verfärbung bei Verletzung.
STIEL: 3–7 cm lang und bis zu 2,5 cm dick. Nahezu identisch mit dem Hut und ebenfalls weißlich bereift. Mit kleinen Grübchen bzw. Einbuchtungen. Das Innere ist wattig und wird mit zunehmendem Alter hohl. In der Mitte ist das Stielinnere zunächst weiß und verfärbt sich bei Verletzung karottenrot.

FLEISCH: Fest und brüchig. Weißlich. Über den Lamellen und in der Stielrinde orange.
MILCH: Karotten- oder orangerot. Zunächst kaum veränderlich, erst nach Stunden grüne Verfärbung.
GESCHMACK: Mild.
GERUCH: Süßlich und fruchtig.
SPORENPULVER: Hell ockergelb.
VORKOMMEN: Mykorrhizapartner der Kiefer.

EIN GIFTPILZ?

An die Reizker trauen sich die wenigsten Pilzsammler, gerade wenn sie mit dem Sammeln erst beginnen. Ihre orange Farbe, die oft grünlichen Verfärbungen und die austretende Milch erwecken nicht den Eindruck, dass man sie essen kann und sie dann auch noch gut schmecken. Doch nicht umsonst ist der wissenschaftliche Name des Edel-Reizkers *deliciosus*, was köstlich bedeutet. Die Reizker gehören innerhalb der Lamellenpilze zu den Sprödblättlern und sondern bei Verletzung eine rote oder orange Flüssigkeit ab. Sie wachsen allesamt bei Nadelbäumen und sind alle essbar. Nach meiner Erfahrung entwickeln Pilzsammler schnell einen Blick für die Reizker, wenn sie sich einmal intensiv mit ihnen beschäftigt haben. Sie zu erkennen und in deine Sammlung aufzunehmen erhöht die Chancen auf eine Pilzmahlzeit ganz erheblich.

Der orangerote Hut des Fichten-Reizkers wird mit zunehmendem Alter in der Mitte grünfleckig.

VERWECHSLUNG

Eine Verwechslungsmöglichkeit ist der Gelbmilchende Helmling *(Mycena crocata)*, ein kleiner Helmling mit einem sehr langen, dünnen Stiel und ebenfalls roter Milch. Er ist am Habitus leicht zu erkennen.

Weitere Verwechslungsmöglichkeiten bestehen mit anderen, unproblematischen Reizkerarten mit roter Milch. Bei Fichten findest du den Fichten-Reizker *(L. deterrimus)* mit zunächst karotten- oder orangeroter Milch, die sich nach etwa 15 Minuten weinrot verfärbt. Den Lachs-Reizker *(L. salmonicolor)* findest du bei der Weiß-Tanne. Die Milch verfärbt sich von Karotten- zu Weinrot. Bei der Kiefer wachsen der Spangrüne Kiefern-Reizker *(L. semisanguifluus)* mit orangeroter Milch, die sich wein- oder dunkelrot verfärbt und der Blutreizker *(L. sanguifluus)*. Die Milch ist blut- bis weinrot und verfärbt sich grün. Bei älteren Exemplaren sind die Lamellen grünfleckig. Der Hut ist lebhaft grünlich, bläulich, lagunenblau oder amethystfarben.

Gebratene Reizker

Die Hüte der Reizker eignen sich zum Braten, kommen aber am besten allein in die Pfanne. Den Stiel entfernen, mit Salz und Pfeffer würzen und wie Schnitzel braten. Dazu passen gutes Brot und Kartoffelsalat. Als Variation etwas Käse darüber schmelzen lassen. Der rote Farbstoff der Pilze übersteht die Verdauung und färbt den Urin blutrot. Das ist jedoch völlig ungefährlich.

Frauen-Täubling

Russula cyanoxantha · Täublinge · Juli–Oktober

HUT: Durchmesser 5–15 cm. Jung gewölbt, dann zunehmend ausgebreitet. Die Farben variieren von lila, grün, braun bis blau. Typisch sind Mischfarben. Huthaut glänzend und schmierig.
LAMELLEN: Anders als bei typischen Sprödblättlern biegsam, nicht brechend. Weiß, am Stiel breit angewachsen oder schwach herablaufend, in Stielnähe queraderig. Keine Zwischenlamellen.
STIEL: 4–10 cm lang, 1–4 cm dick. Zylindrisch, weiß, Basis meist etwas verdickt. Jung fest, im Alter schwammig.
FLEISCH: Weiß, mild und etwas nussig schmeckend. Unter der Huthaut meist violettblau.
GESCHMACK: Mild, leicht nussartig.
GERUCH: Unbedeutend neutral.
SPORENPULVER: Weiß.
VORKOMMEN: Vom Frühsommer bis in den Spätherbst als Mykorrhiza-Partner von Buche und Fichte. Auf Kalkböden.

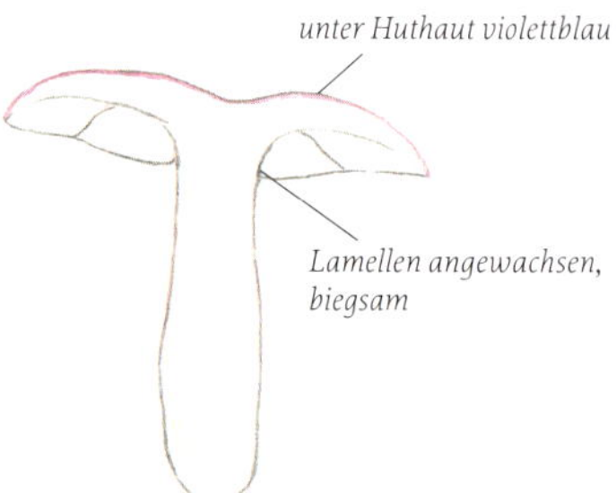

AUF EINEN BLICK

Wer sich den „Täublingsblick" antrainiert, wird den Frauen-Täubling in schnell den Täublingen zuordnen. Schaust du dir nun die wirklich sehr typischen Merkmale deines Fundes genau an, ist die Bestimmung bis auf die Art möglich. Bei der großen Gruppe der Täublinge ist das sonst eher schwierig. Seine Lamellen sind biegsam, er besitzt keine Zwischenlamellen und der Hut ist niemals einheitlich gefärbt, sondern mehrfarbig. Auf Druck splittern die Lamellen nicht, sondern werden matschig, sein Stiel ist hingegen spröde und fasert nicht. Für mich gehört der Frauen-Täubling mit zu den besten Speisepilzen, denn das Fleisch behält beim Kochen seinen Biss.

Der Grüne Knollenblätterpilz ist der gefährlichste Giftpilz. Ihn musst du sicher erkennen.

VERWECHSLUNG

Die gefährlichste Verwechslungsmöglichkeit überhaupt ist der tödlich giftige Grüne Knollenblätterpilz *(Amanita phalloides)*, welcher für rund 90 Prozent aller tödlichen Pilzvergiftungen verantwortlich ist. Er kann Frauen-Täublingen mit grünem Hut sehr ähnlich sehen. Er gehört zu den Faserblättlern, steckt jung zunächst in einer Gesamthülle, die den Pilz vollständig umschließt, und hat an der Basis eine dicke Knolle mit weißen Hautresten. Die Lamellen sind nicht am hohlen Stiel angewachsen, der wie eine Schlangenhaut genattert ist und eine herabhängende Manschette besitzt. Sein süßlicher Geruch kann bei älteren Exemplaren sehr aufdringlich sein. Beide Arten können am gleichen Standort vorkommen.
Die Latenzzeit einer Knollenblätterpilz-Vergiftung beträgt 4–16 Stunden, daher wird sie oft zu spät bemerkt. Erste Anzeichen sind Erbrechen, Durchfall und starke Bauchschmerzen. Die Vergiftung zerstört die Leber und führt bei zu später Behandlung zum Tod.
Weitere Verwechslungsmöglichkeiten bestehen mit anderen Täublingen oder auch dem giftigen Grüngelben Ritterling.

Pilze im Blätterteig

Gesammelte Täublinge und ggf. weitere Pilze reinigen und zerkleinern. Mit Salz und Pfeffer würzen und zusammen mit einer zerkleinerten Zwiebel in Butterschmalz anbraten. Abkühlen lassen und mit Kräuterfrischkäse verrühren. Nun die Masse auf einem ausgerollten Blätterteig verteilen und vorsichtig zusammenrollen. Im heißen Ofen bei 200 °C für 15–20 Minuten backen.

Speise-Täubling

Russula vesca · Täublinge · Juni – Oktober

HUT: Durchmesser 6 – 10 cm. Junge Fruchtkörper gewölbt, verflachen zunehmend. Verschiedene Farbtöne von Trübrosa, Lilarosa über Fleischrot, Weinbraun, Graulila, Haselnuss- oder Steinfarben, Purpurbraun oder auch Grün. Farben verblassen mit der Zeit. Huthaut relativ einfach abziehbar.
LAMELLEN: Weiß und dicht stehend. Jung noch etwas biegsam, mit zunehmendem Alter typisch brüchig und spröde.
STIEL: 4 – 8 cm lang und bis zu 1,5 cm breit, gelbbraun fleckend.
FLEISCH: Fest,brüchig und weiß. Ockerfarbene Stellen bei Verletzung oder in der Stielbasis.
GESCHMACK: Mild, nussartig.
GERUCH: Ohne besondere Merkmale.
SPORENPULVER: Weiß.
VORKOMMEN: Trockene Laub- und Nadelwälder. Vorwiegend bei Eichen, Buchen und Fichten. Auf allen Böden außer Kalk.

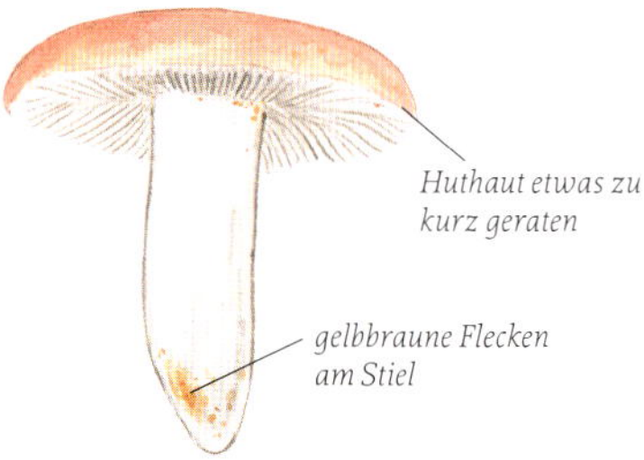

TÄUBLINGSBLICK

Mit dem „Täublingsblick" ist auch der Speise-Täubling leicht dieser Gruppe zuzuordnen. Er besitzt die typische, sehr kompakte Bauweise und die Größe von Hut und Stiel passen immer gut zusammen. Die genauere Bestimmung von Täublingen bis auf die Art ist meist alles andere als einfach. Ohne Betrachtung der Sporen, den Einsatz von Chemikalien und dem Mikroskop ist das nicht möglich. Neben dem Frauen-Täubling (S. 212) ist der Speise-Täubling eine Ausnahme. Du kannst ihn an seiner Hutfarbe und der zu kurz geratenen Huthaut erkennen. Die Lamellen schauen wie kleine Zähnchen darunter hervor. Wenn dir das einmal aufgefallen ist, wirst du den Speise-Täubling als den Pilz, „der die Zähne zeigt", immer wiedererkennen. Im Alter bekommen die Lamellen und der Hut meist Rostflecken. Der Speise-Täubling ist nach meiner Einschätzung ein sehr wohlschmeckender Pilz.

Täublinge mit knallroten Hüten, die Spei-Täublinge, schmecken alle scharf.

VERWECHSLUNG

Als Verwechslungsmöglichkeit kommen alle ähnlich aussehenden Täublinge in Frage. Bei den Täublingen kannst du gefahrlos eine Geschmacksprobe machen. Der Speise-Täubling schmeckt mild, somit kannst du ihn gut von anderen rot gefärbten Täublingen unterscheiden, die zum Teil brennend scharf sind. Alle leuchtend roten Täublinge brauchst du erst gar nicht zu probieren. Sie gehören zu den Spei-Täublingen und haben zum Teil einen extrem scharfen Geschmack. Der Harte Zinnober-Täubling *(Russula rosea)* sieht dem Speise-Täubling ebenfalls ähnlich. Er schmeckt zunächst mild und entwickelt nach längerem Kauen einen Zedernholzgeschmack. Zudem ist sein Stiel rot überhaucht. Er ist ebenfalls essbar.

Bissfestes Genusserlebnis

Ich schätze an den Täublingen und besonders am Speise-Täubling das bissfeste Fleisch. In einer Pilzpfanne schmeckt man sofort den Unterschied, zwischen diesen Pilzen und z. B. den Röhrlingen. Eine Täublingspfanne bereite ich nach herkömmlicher Art und Weise zu. Pilze mit Zwiebeln in Butter anbraten und etwas Sahne dazugeben. Zum Würzen nutze ich Salz, Pfeffer, meine Streuwürze (S. 24), und füge ganz am Ende noch frische Petersilie hinzu.

Austern-Seitling

Pleurotus ostreatus · Seitlinge · Oktober–März

HUT: Durchmesser 5–25 cm. Muschelförmig, glatt, kahl. Sehr variabel in Größe und Färbung. Silbergrau, grau, hellbraun, graubraun. Mit zunehmenden Alter welliger und gekerbter Rand.
LAMELLEN: Weißlich, cremefarben, später gelblich. Am Stiel herablaufend, jedoch nicht bis zur Stielbasis. Schneiden wellig, leicht gekerbt.
STIEL: Seitlich sitzend, kurz und gedrungen. An der Basis weiß-filzig.
FLEISCH: Weiß, grauweiß, schmutzig weiß. Im Alter etwas zäh werdend, besonders vom Stiel ausgehend.
GESCHMACK: Angenehm mild.
GERUCH: Nach Pilzen.
SPORENPULVER: Weiß.
VORKOMMEN: In den Wintermonaten an abgestorbenen und lebenden Laubbäumen, vor allem an Buche sowie Eiche, Pappel, Weide, Walnuss oder Esche. Sehr selten an Nadelholz.

DER WINTERPILZ

Es ist schon ein tolles Erlebnis, wenn du mit einem Korb voller Austern-Seitlinge an einer Gruppe von Wandern vorbeiläufst. Erstaunte Blicke und Fragen können dir sicher sein. Tatsächlich kommen nur die wenigsten Menschen auf die Idee, bei Frost und Schnee Pilze zu sammeln. Mit den ersten kalten Tagen, meist ab Mitte November, kannst du deinen Korb direkt wieder bereit machen. Austern-Seitlinge wachsen vorwiegend an alten und verletzten Buchen, nach denen du schon im Sommer Ausschau halten kannst. Der Winter hat den Vorteil, dass es keine Schnecken und Maden mehr gibt, die dir Konkurrenz machen könnten. Die Fruchtkörper des Austern-Seitlings können sehr groß werden und mit ein wenig Glück hast du deinen Korb schnell gefüllt. Ich schätze an ihnen besonders ihre Bissfestigkeit im Gegensatz zu Röhrlingen. Wer sich nicht traut, ihn in der Natur zu sammeln, kann den Austern- Seitling auch ganz wunderbar und einfach zu Hause im Garten züchten.

Der Gelbstielige Muschelseitling kann durchaus am selben Baumstamm wachsen.

Austern-Seitling mit gebackenen Nudeln

500 g Austern-Seitlinge in kleine Stücke schneiden, eine Zwiebel würfeln. Zwiebeln und Pilze mit etwas Kräuterbutter in einer Pfanne anbraten, mit Salz und Pfeffer würzen. 250 ml Sahne dazugeben und köcheln lassen. Währenddessen 250 g Nudeln kochen. Reichlich Butter in einer weiteren Pfanne zerlassen und darin ca. 50 g Semmelbrösel anbräunen, dann die gekochten Nudeln dazugeben. Es entsteht ein Nudelkuchen, zu dem die Pilze ganz ausgezeichnet passen.

VERWECHSLUNG

Austern-Seitlinge wachsen gelegentlich in Gesellschaft mit dem Gelbstieligen Muschelseitling *(Panellus serotina)*. Er gilt als ungenießbar, da er giftig sein und geringe Mengen krebserregender Substanzen enthalten soll. Du erkennst ihn am ockergelben bis grün gelblichen Stiel. An Nadelholz wächst der Ohrförmige Seitling *(Pleurocybella porrigens)*, der giftig ist und in Japan schon zu Todesfällen geführt haben soll. Weitere unproblematische Verwechslungen sind mit dem Lungen-Seitling *(P. pulmonaris)* und dem Rillstieligen Seitling *(P. cornucopiae)* möglich. Diese wachsen allerdings vom Frühling bis in den Herbst.

Gemeiner Hallimasch

Armillaria ostoyae · Hallimasche · Juli – Dezember

HUT: Durchmesser 3 – 8 cm. Bei jungen Fruchtkörpern gewölbt, verflacht zunehmend. Die Farbe ist Rotbraun bis Fleischbräunlich mit bräunlichen oder schwärzlichen, abwischbaren Schüppchen auf der ganzen Huthaut.

LAMELLEN: Eng stehend und angewachsen. Cremeweiß, später rostbraun. Die Lamellenschneiden sind wellig (Lupe!).

STIEL: 4 – 20 cm lang, bis zu 2 cm dick. Faserig mit einem dicken, wattigen Ring. Unterhalb des Rings mit abwischbaren, bräunlichen und wolligen Schüppchen beflockt. Oberhalb des Rings heller und längs gestreift.

FLEISCH: Cremeweiß.

GESCHMACK: Nach einiger Zeit etwas kratzend.

GERUCH: Nach Pilz.

SPORENPULVER: Weiß.

VORKOMMEN: Folgezersetzer von Nadelholz. Gefürchteter Parasit auf kranken Bäumen. In Wäldern, Parks und Gärten.

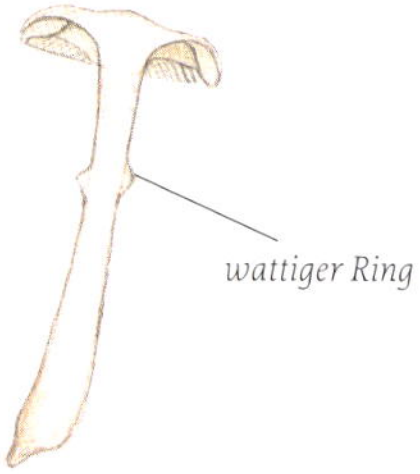

DER GRÖSSTE ORGANISMUS DER ERDE

Diesen Pilz wirst du auf deinen Streifzügen sicherlich finden. Seine harmlos aussehenden Fruchtkörper wachsen auf Baumstümpfen meist büschelig und gesellig nebeneinander. Sein Aussehen kann in Form und Farbe gelegentlich sehr variabel sein. Die Schüppchen auf dem Hut können bei einem Regenschauer weggespült werden. Der Pilz erkennt schnell, wenn Bäume bereits geschädigt sind, und nutzt diesen Umstand für sich aus. Sein schwarzbraunes, nur wenige Millimeter dickes und für die Bäume äußerst gefährliches Myzel dringt in kränkelnde, verletzte und ältere Bäume ein und saugt diese förmlich aus. In den letzten Jahren ist mir aufgefallen, dass in einem Wald, den ich seit Jahren kenne, zunehmend auch noch stehende Fichten bereits befallen sind. Dies führt über kurz oder lang zum Absterben der Bäume. Im amerikanischen Oregon wurde im Jahr 2000 der größte bisher auf der Erde gefundene Organismus entdeckt. Es ist das Myzel eines Hallimaschs. Sein Alter wurde auf 2400 Jahre geschätzt, es ist über neun Quadratkilometer groß und soll über 600 Tonnen wiegen.

Schüpplinge wie der Sparrige Schüppling (Pholiota squarrosa) können dem Hallimasch sehr ähnlich sehen.

Hallimasch verzehren

Nicht alle Menschen vertragen Hallimasche. Bei den betreffenden Personen können sie zu starken Magen-Darm-Beschwerden führen. Roh sind sie giftig und müssen entsprechend lange abgekocht werden. Nichtsdestotrotz sind junge und gut gegarte Hallimasche schmackhafte Speisepilze, die sich zu den allermeisten Rezepten wunderbar eignen. Probiere mal ein Hallimasch-Ragout mit saurer Sahne.

VERWECHSLUNG

Es gibt nicht nur den „einen" Hallimasch. Der Honiggelbe Hallimasch *(A. mellea)* kommt überwiegend auf Laubholz vor. Er hat gelbere Hutschuppen sowie einen gelb getönten Ring und Stiel. Ebenfalls auf Laubholz wächst der Fleischfarbene Hallimasch *(A. gallica)*. Weitere Arten sind der Ringlose und der Zwiebelfüßige Hallimasch *(A. tabescens* und *A. cepistipes)*. Mögliche Verwechslungspartner anderer Gattungen sind das essbare Stockschwämmchen (S. 228), die giftigen Schwefelköpfe und vor allem die sehr ähnlichen ungenießbaren Schüpplinge.

Maipilz

Calocybe gambosa · Ritterlinge · April–Juni

HUT: Durchmesser 4–15 cm, Stiel bis zu 2 cm. Jung halbkugelig bis polsterförmig, zunehmend flacher werdend. Insgesamt kompakt und festfleischig. Huthaut glatt, weißlich, weißgrau, cremefarben bis ocker. Der Hutrand ist im jungen Zustand eingerollt.

LAMELLEN: Dicht gedrängt und ritterlingstypisch ausgebuchtet, angewachsen, zuweilen mit einem Zahn etwas am Stiel herablaufend. Glatte Lamellenschneiden und viele Zwischenlamellen. Lamellenfarbe Weiß.

STIEL: 5–7 cm lang, bis zu 3 cm dick. Zylindrisch und voll, zur Basis oft leicht keulig werdend. Ringlos. Weiß bis cremefarben. Kompakter und fester Pilz. Die Farbe ist Weißlich bis Gelblich.

FLEISCH: Jung fest und dickfleischig, erst im Alter etwas schwammig werdend. Weiß, gelegentlich auch gelblich bis gelbbraun. Verfärbt sich nicht bei Verletzungen.

GESCHMACK: Aufdringlich aromatisch-mehlartig.

GERUCH: Mehlig bis gurkenartig.

SPORENPULVER: Weiß

VORKOMMEN: Folgezersetzer. Gerne auf kalkreichen Böden. In Wiesen, Trockenrasen, Kieferheiden, Parks, Laubwäldern, aber auch in Auwäldern bei Espen und Pappeln. Wächst in Hexenringen.

SAMMELN ZUR APFELBLÜTE

Pilze haben das ganze Jahr über Saison. Nachdem die Morchelzeit im Mai langsam zu Ende geht, wartet bereits der Nächste Speisepilz auf dich: der Maipilz oder Mai-Ritterling. Gleichzeitig mit der Apfelblüte erscheinen die ersten Fruchtkörper und das bis in den Juni. Dort, wo er vorkommt, kannst du den Pilz meist leicht finden, denn sein weißer, manchmal auch cremefarbener Hut leuchtet schon von Weitem. Von der Mitte beginnend bilden sich bräunliche Schuppen auf der wildlederartigen Oberfläche. Die weißen Lamellen sind ausgebuchtet angewachsen. Man nennt das in der Pilzkunde „Burggraben". Sein intensiver und schon fast aufdringlicher Geruch nach Mehl wird besonders wahrnehmbar, wenn du einen Teil mit den Fingern zerdrückst. Du kannst aber beruhigt sein, der Mehlgeruch verliert sich während der Zubereitung weitgehend. Besonders das kompakte, feste Fleisch zeichnet die Fruchtkörper aus. Ich finde ihn jedes Jahr auf eher trockenen Böden unter Kiefern.

Maipilze mit Frühlingskräutern

Maipilze in mundgerechte Stücke schneiden und in Kräuterbutter anbraten. Nach etwa 15 Minuten frischen Bärlauch oder andere frische Kräuter deiner Wahl dazugeben. Kräuterpesto eignet sich ebenfalls sehr gut. Mit einem kleinen Schuss Sahne verfeinern und mit Salz und Pfeffer würzen. Die Maipilze passen zu Kartoffeln, Nudeln oder Spätzle.

Der Ziegelrote Risspilz riecht alles andere als nach Mehl.

VERWECHSLUNG

Mai-Ritterlinge wachsen meist in Hexenringen und zu dieser Jahreszeit gibt es insgesamt noch nicht viele Pilzarten, die schon Fruchtkörper bilden. Infrage kommt in erster Linie der Ziegelrote Risspilz *(Inosperma erubescens)*. Dieser kann durchaus am gleichen Standort vorkommen, riecht aber süßlich und obstartig. Er hat rötendes Fleisch und graubräunliche Lamellen. Das Sporenpulver ist dunkelbraun. Sehr ähnlich ist auch der ebenfalls nach Mehl riechende Riesen-Rötling *(Entoloma sinuatum)*. Du erkennst ihn am cremerosafarbenen Hut, den schon jung gelblichen Lamellen und dem rosabraunen Sporenpulver. Er wächst zudem erst viel später im Jahr. Weiße Trichterlinge sind dünnfleischig, haben keinen „Burggraben" und riechen höchstens minimal nach Mehl.

Parasol, Riesen-Schirmling

Macrolepiota procera · Riesenschirmlinge · Juli – November

HUT: Durchmesser 12 – 30 cm, hellbraun, jung eiförmig, zunehmend abgeflacht, umgekehrt tellerförmig mit einem stumpfen Buckel in der Mitte. Braune, weiche und wollige Schüppchen auf weißem Grund, von der Mitte zum behangenen Rand weniger werdend.
LAMELLEN: Frei, weiß. Relativ leicht vom Hutfleisch lösbar.
STIEL: 15 – 40 cm lang, 2 – 3 cm dick, schlank im Vergleich zum Hut, zäh, faserig. Stielbasis als dicke Knolle ausgeprägt. Dunkelbraune Natterung auf weißlichem bis hellbräunlichem Untergrund. Verschiebbarer Ring mit nussigem Geschmack.

FLEISCH: Weiß, unveränderlich, rötet nicht, im Stiel faserig.
GESCHMACK: Mild und nussartig.
GERUCH: Nussartig.
SPORENPULVER: Weiß.
VORKOMMEN: Lichte Laubwälder Waldränder, Waldwege, Heiden, Parks, Friedhöfe, Wiesen, kalkreiche Lehmböden. Folgezersetzer. Frühsommer bis Spätherbst.

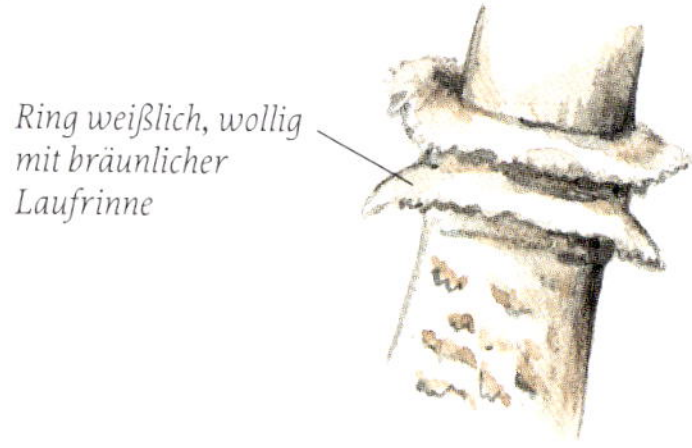

ZU GROSS FÜR DIE PFANNE

Die Merkmale des Parasols sind so charakteristisch, dass auch Anfänger ihn leicht erkennen können. Seine Fruchtkörper sind zum Teil so groß, dass sie nicht in eine Pfanne passen und er schmeckt auch noch besonders lecker. Das macht ihn als Sammelobjekt äußerst interessant. Bei der Zubereitung muss der Pilz unbedingt von allen Seiten lange genug durchgebraten werden. Der stattliche Hut hat die gewölbte Form eines Tellers. Dadurch kann es leicht passieren, dass der äußere, weiche Rand zwar in der Pfanne liegt und gebraten wird, der derb-härtere Teil zur Mitte hin dagegen kaum Wärme abbekommt und nicht richtig durchgart. Da einige Teile des Pilzes so nahezu roh bleiben, kann es zu heftigen Magen-Darm-Symptomen kommen. Der Stiel ist zäh und nicht zum Braten geeignet. Es lohnt sich aber, ihn zu trocknen und als Pilzpulver in Soßen und als Gewürz zu verwenden.

VERWECHSLUNG

Die vielleicht gefährlichste Verwechslungsmöglichkeit ist der Spitzschuppige Schirmling, aber auch mit anderen Schirmlingen kann der Parasol verwechselt werden. Diese sind wesentlich kleiner und haben keinen verschiebbaren Ring. Achte darauf, keine vermeintlichen Parasole in der Nähe von Kompostplätzen zu sammeln. Hier wachsen auf wärmeerzeugendem Substrat oder auch in Gewächshäusern der Gerandetknollige Garten-Safranschirmling und der Gift-Riesenschirmpilz *(Clorophyllum brunneum* und *C. venenatum)*. Ihr Fleisch rötet, sobald es verletzt wird. Unproblematisch und ebenfalls essbar ist hingegen der Safranschirmling *(C. rachodes)*. Er wächst gerne in der Nadelstreu, hat ebenfalls einen verschiebbaren Ring und rötet beim Anschneiden. Manchmal findest du auch den essbaren Rußbraunen Schirmpilz, den Sternschuppigen Riesenschirmpilz oder auch den Zitzen-Riesenschirmling am gleichen Standort wie den Parasol.

Der giftige Spitzschuppige Schirmling (Lepiota aspera) sieht von oben ähnlich aus.

Parasolschnitzel

Den zähen Stiel entfernen und für Pilzpulver trocknen. Den Hut säubern und mit Salz und Pfeffer würzen. Ein Ei verquirlen und den Hut zunächst durch das Ei ziehen, dann mit Semmelbröseln panieren. Von beiden Seiten in der Pfanne sorgfältig ausbacken. Dazu passen Kartoffel- oder grüner Salat oder auch einfach nur ein gutes Brot.

Gemeiner Samtfußrübling

Flammulina velutipes · Rüblinge · November–März

HUT: Durchmesser 2–9 cm. Junge Hüte sind leicht gewölbt und verflachen zunehmend. Die Huthaut ist leuchtend gelb, gelbbraun, honiggelb sowie gelatinös, schmierig und klebrig. Der Hutrand ist meist heller, eingerollt und kurz gerieft. Insgesamt dünnfleischig.

FLEISCH: Weiß bis hellgelb.

LAMELLEN: Ausgebuchtet, durch einen Burggraben am Stiel angewachsen.

STIEL: 2–8 cm lang, bis zu 1,3 cm dick. Die Stielspitze ist weißfilzig, der untere Teil dunkelbraun, zäh und faserig gummiartig. Ohne Ring, zuweilen hohl, flach zusammengedrückt.

GESCHMACK: Gelegentlich leicht bitter, ansonsten angenehm pilzig.

GERUCH: Angenehm pilzig.

SPORENPULVER: Weiß.

VORKOMMEN: Gesellig wachsend. In den Wintermonaten und nach dem ersten Frost vor allem in Auwäldern, an bachbegleitenden Pappeln und Weiden, aber auch an Buchenstümpfen.

IM WINTER AUF DER PIRSCH

Ich kann mich gut erinnern, wie ich einmal Anfang Januar mit einem Korb voll Austern-Seitlingen und leuchtend gelben und sehr leckeren Samtfußrüblingen an einer Gruppe Spaziergänger vorbeikam. „Was machen Sie denn da?“. Keiner konnte sich vorstellen, dass bei Minusgraden und leichtem Schneefall Speisepilze wachsen würden. Die Vorteile sind wie beim Austern-Seitling klar ersichtlich. Zum einen ist man zu dieser Jahreszeit fast allein mit seinem Korb unterwegs, es gibt keine Schnecken und Fliegen mehr und die Verwechslungsmöglichkeiten sind sehr übersichtlich. Samtfußrüblinge wachsen auf lebendem und totem Laubholz, besonders gerne an Pappeln und Weiden. Nach dem ersten Frost solltest du die entsprechenden Bäume absuchen. Die Fruchtkörper findest du immer in größeren Gruppen, sodass es schnell für eine Mahlzeit reicht. Vielleicht ist dir der Pilz unter anderem Namen schon begegnet. In Asien und mittlerweile auch bei uns wird er gern und in großen Mengen als „Enoki-Take“ kultiviert. Da die Stiele sehr zäh sind, eignen sich diese nur zum Trocken und Herstellen eines Pilzpulvers.

Der giftige Ziegelrote Schwefelkopf (Hypholoma lateritium) kann zur gleichen Zeit vorkommen.

Der Samtfußrübling gilt als geschätzter Heilpilz. Er soll das Immunsystem stärken sowie krebs- und tumorhemmend, blutdruck-, blutzucker- und cholesterinsenkend wirken.

Wintersuppe

Eine Zwiebel fein würfeln, Pilzhüte ggf. zerkleinern. Hüte und Zwiebeln in etwas Öl gut anbraten. Etwas Butter in einem Topf schmelzen und die Pilze dazugeben. Mit 2–3 EL Mehl bestreuen und 500 ml Gemüsebrühe zugießen. Gut unterrühren. Ein paar Minuten köcheln lassen, mit etwas Sahne verfeinern und mit Salz und Pfeffer würzen. Zum Schluss gehackte Garten- oder Wildkräuter zugeben.

VERWECHSLUNG

Die Jahreszeit, der Wuchsort und seine typischen Bestimmungsmerkmale, allen voran der samtige Stiel, machen diesen Pilz auch für den Anfänger in der Pilzkunde gut erkennbar. Zu Verwechslungen könnte es mit einigen anderen essbaren Samtfußrüblingen, giftigen Flämmlingen, Schwefelköpfen oder noch spät wachsenden Gift-Häublingen kommen.

Schopf-Tintling

Coprinus comatus · Tintlinge · Mai–November

HUT: Durchmesser 2–5 cm, 6–20 cm hoch. Langgestreckter Hut, der sich nie aufspannt. Jung weißlich, geschuppt, beginnt vom Hutrand aus zu schwärzen und zerfließt letztendlich. Hutspitze bräunlich.
LAMELLEN: Frei. Jung weiß, zunehmend rosa bis zuletzt schwarz zerfließend.
STIEL: 6–20 cm lang, 0,5–1,5 cm dick. Hohl, weiß, später rötend, im Alter schwarz zerfließend. Spitze etwas dünner, Basis etwas knollig. Weißer, beweglicher und vergänglicher Ring.
FLEISCH: Weiß, später rötend. Zerfließt mit zunehmendem Alter relativ schnell schwarz.
GESCHMACK: Mild, süßlich.
GERUCH: Nach Pilz, etwas nussartig.
SPORENPULVER: Schwarz.
VORKOMMEN: Besonders gern direkt neben Waldwegen. Parks, Gärten, Wiesen. Auf nährstoffreichen und nicht zu trockenen bzw. sauren Böden.

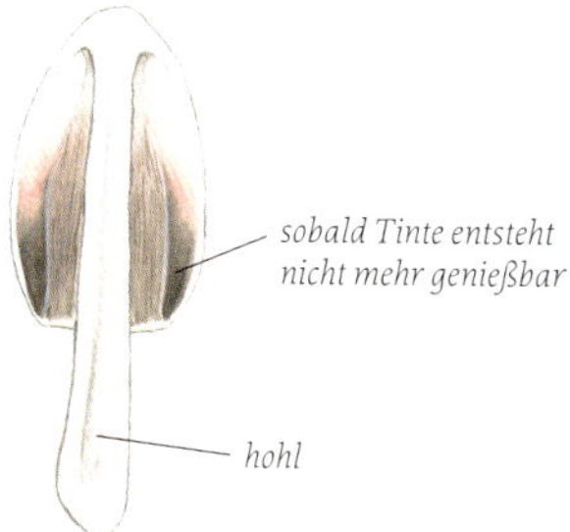

NICHT LANGE ÜBERLEGEN

Der Schopf-Tintling gehört nach meiner Erfahrung zu den Pilzen, die auch Anfänger in der Pilzkunde sehr schnell kennenlernen und sicher bestimmen können. Gesammelt wird er in der Tat eher selten. Der Grund ist relativ einfach. Ist man nicht zum genau richtigen Zeitpunkt am richtigen Standort, findet man nur noch eine „schwarze Brühe". Man würde kaum auf die Idee kommen, dass diese Überreste nur einige Stunden zuvor ein äußert leckerer Speisepilz waren. Dort, wo er vorkommt, wächst er nie alleine, sodass du durchaus gute Chancen hast, genügend junge Exemplare zu sammeln. Nimm nur Pilze mit, die weiße Lamellen haben und am unteren Hutrand noch keine schwarze Verfärbung zeigen. Der Schopf-Tintling hat freie Lamellen, sodass du den Stiel ganz leicht herausdrehen kannst. Im Gegensatz zu den Fruchtkörpern eignet sich dieser, um ihn für Pilzpulver zu trocknen. Er gilt auch als einer der wichtigsten Heilpilze und ist reich an Kalium, Magnesium, Eisen, Mangan, Zink und essentiellen Aminosäuren. Du kannst ihn sogar im eigenen Garten züchten.

Der Falten-Tintling ist in Verbindung mit Alkohol sehr giftig.

Gefüllte Tintlinge

Tintlinge eignen sich aufgrund ihres langen, hohlen Hutes gut zum Füllen. Kräuter wir Giersch oder Sauerampfer fein schneiden, mit etwas Salz, 1 TL Mehl und einem Eiweiß vermischen und die Pilze damit füllen. Ein Ei, das übrige Eigelb, Salz, Pfeffer sowie 50 ml Sahne zu einem Eierstich verquirlen. Die Pilze in eine größere Tasse stellen und den Eierstich in die Zwischenräume füllen. Für 20 Minuten in einem leicht köchelnden Wasserbad garen.

VERWECHSLUNG

Der Falten-Tintling *(Coprinopsis atramentaria)* kommt am ehesten für Verwechslungen in Frage, da er am gleichen Standort vorkommen kann. Seine Lamellen sind nicht frei und er ist kleiner. Der Hut ist aschgrau oder graubräunlich, glatt und hat keine Schuppen. Eine Verwechslung ist problematisch, wenn du zum Essen, bis zu zwei Tage zuvor oder danach Alkohol trinkst. Der Pilz enthält Coprin, das in Verbindung mit Alkohol das Coprinus-Syndrom mit Atemnot, Schweißausbrüchen, Kreislaufstörungen, Sehstörungen oder einem Kollaps auslösen kann. Andere seltenere Tintlinge wirken ebenfalls in Verbindung mit Alkohol stark giftig.

Stockschwämmchen

Kuehneromyces mutabilis · Träuschlingsartige · April–November

HUT: Durchmesser 3–6 cm, Hygrophan (wasserziehend), mit verschiedenen Zonen, feuchte Zonen sind dunkler. Jung halbkugelig, dann flach gewölbt. Am Hutrand oft Hüllreste. Farbe Hellbraun, Dunkelbraun, Haselnussbraun. Bei Feuchtigkeit fettig glänzend.
LAMELLEN: Schmal, gedrängt stehend, gerade oder leicht herablaufend angewachsen mit Zwischenlamellen. Hellbraun, nussbraun bzw. zimtbraun.
STIEL: Teilhülle bleibt als Ring am Stiel. Unterhalb des Rings schuppig auf gelbweißem Grund. Niemals silbrig glänzend.
FLEISCH: Dünn, gelblich bis blassbraun oder rostbraun. Basis dunkler braun.
GESCHMACK: Keine Geschmacksprobe machen!
GERUCH: Pilzig angenehm, würzig. Nicht nach Mehl.
SPORENPULVER: Rost- bis zimtbraun.
VORKOMMEN: In Gruppen auf totem Buchenholz. Meist auf den Stümpfen geschlagener Bäume. Kommt fast das ganze Jahr über vor.

HÖLLISCH AUFPASSEN!

Oft höre ich bei meinen Pilzkursen, dass Anfänger Stockschwämmchen sammeln und den tödlich giftigen Verwechslungspartner, den Gift-Häubling nicht kennen. Das ist gerade deshalb so gefährlich, weil man beide Pilze auf denselben Baumstümpfen finden kann. Die beiden Arten sicher auseinanderhalten zu können ist überlebensnotwendig. Leichtsinn und zu schnelles Urteilen sind hier fehl am Platze. In aller Regel wachsen die Fruchtkörper des Stockschwämmchens auf Buchenstümpfen, -ästen und Ähnlichem. Nur sehr selten wachsen sie in Bergregionen auf Nadelholz. Sie kommen nie allein vor, sondern immer büschelig und gesellig in größeren Beständen.

Möchtest du Stockschwämmchen sammeln, solltest du den tödlichen Gift-Häubling sicher erkennen.

DER DOPPELGÄNGER

Der gefährliche Doppelgänger des Stockschwämmchens ist der Gift-Häubling *(Galerina marginata)*. Früher hieß er auch Nadelholz-Häubling. Dies ist leider irreführend, denn er kommt gelegentlich auch auf Laubholz vor und dann wird die Bestimmung schwierig. Der Pilz enthält dasselbe lebensbedrohliche Gift wie der Grüne Knollenblätterpilz. Unterscheiden kannst du beide Arten vor allem mithilfe des Stiels. Dieser ist beim Gift-Häubling silbrig überfasert, der des Stockschwämmchens ist schuppig. Weitere Unterschiede sind der muffige oder auch leichte Mehlgeruch, der beim Stockschwämmchen fehlt. Die Hüte sind für sich betrachtet fast nicht zu unterscheiden, daher solltest du immer den ganzen Pilz sammeln. Andere Verwechslungsmöglichkeiten bestehen mit giftigen oder essbaren Schwefelköpfen sowie mit weiteren Häublingen. Bevor du Stockschwämmchen verspeist, solltest du dich intensiv mit diesem Pilz auseinandersetzen.

Stockschwämmchen-Suppe

100 g Speck und eine Zwiebel würfeln und in der Pfanne erhitzen bis sie glasig werden. 500 g zerkleinerter Stockschwämmchen hinzugeben und für weitere 10–15 Minuten anbraten.
In einem Topf aus 4 EL Mehl und 20 g Butter eine Mehlschwitze herstellen und mit 1 l Rinderbrühe ablöschen. Pilze, Speck und Zwiebeln in die Suppe geben. Mit Salz, Pfeffer und einem Schuss Sahne abschmecken und für einige Minuten aufkochen lassen.

Wiesen-Champignon

Agaricus campestris · Egerlinge · Mai – November

HUT: Durchmesser 5 – 12 cm. Jung halbkugelig, zunehmend polsterförmig. Huthaut weiß oder grauweiß, im Alter grau bis graubraun. Bräunliche, anliegenden bzw. leicht abstehende Schuppen. Die Huthaut lässt sich komplett abziehen. Am Hutrand hängen weißliche Velumreste.

LAMELLEN: Bei jungen Fruchtkörpern rosa bzw. fleischrosa. Mit zunehmendem Alter Verfärbung hin zu dunkelbraun oder schokoladenbraun. Freie Lamellen.

STIEL: 4 – 7 cm lang und bis zu 2 cm dick. Weiß. An der Stielbasis meist ockergelbliche Flecken, an der Stielspitze schwach rötend. Lässt sich leicht vom Hut trennen lässt. Keine Knolle. Hängender, wenig stabiler Ring.

FLEISCH: Weiß, gelegentlich sehr schwach rötend.

GESCHMACK: Mild, leicht nussartig.

GERUCH: Nach Champignon.

SPORENPULVER: Purpurbraun, dunkelbraun, schokoladenbraun.

VORKOMMEN: Wiesen, Weiden, Gärten oder Parkanlagen. Fehlt zusehends auf stark gedüngten Böden.

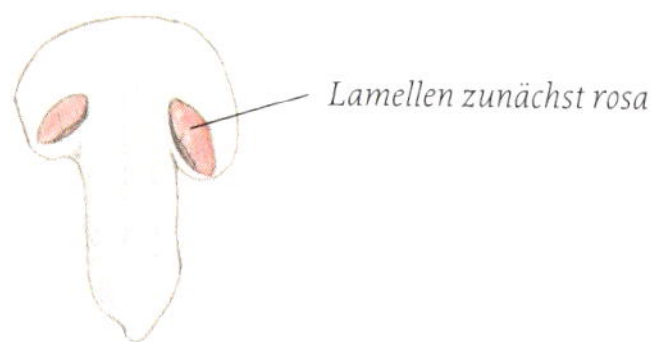

NICHTS FÜR ANFÄNGER

Bevor du an das Sammeln von Champignons gehst, rate ich dir, dich intensiv mit ihnen zu beschäftigen. Pilze sind nicht kontaktgiftig und so kannst du dir auch potenzielle Wiesen-Champignons in Ruhe anschauen und an ihnen riechen, jedoch keine Geschmacksprobe machen. Du wirst sehen, wie schnell du einen Blick für die ein oder andere Art bekommst. Champignons sind meiner Meinung nach alles andere als Anfängerpilze. So gehört zunächst der sichere Umgang mit den Unterschieden zu den Knollenblätterpilzen zur absoluten Grundausstattung eines Pilzsammlers. Etwa 90 Prozent aller tödlichen Vergiftungen geht auf die Verwechslung von Champignons mit Knollenblätterpilzen zurück. Nimm dir die Zeit, dich gut mit den Merkmalen zur Unterscheidung vertraut zu machen. Damit du die entscheidenden Merkmale sehen kannst, muss der Pilz bereits groß genug und der Hut aufgespannt sein. Ich treffe immer wieder Pilzsammler mit viel zu kleinen und noch geschlossenen Fruchtkörpern. So kann man die Lamellen nicht beurteilen. Bei Wiesen-Champignons

Die Stielbasis des Karbol-Egerlings verfärbt sich im Anschnitt gelb.

sind sie rosa und werden später braun bis fast schwarz. Bei bei Knollenblätterpilzen sind sie weiß.

Gefüllte Champignons

Champignons reinigen und die Stiele aus dem Hut drehen. Je nach Menge der Pilze in einer Schüssel Pesto und zerzupften Mozzarella vermischen. Gehackte Kräuter der Saison hinzugeben und Champignons mit der Mozzarella-Kräutermischung füllen. Entweder grillen oder für 20 Minuten bei 200 Grad im vorgeheizten Ofen überbacken.

VERWECHSLUNGEN

Der Wiesen-Champignon wird vorwiegend mit dem Grünen Knollenblätterpilz (S. 213, 232) sowie anderen Arten aus der Gruppe der Champignons verwechselt. Es gibt immerhin fast 50 Champignonarten, die schwer zu bestimmen sind. Karbol-Egerlinge *(Agaricus xanthodermis)* sind giftig und verursachen Magen-Darm-Beschwerden. Sie sind häufig und können in unmittelbarer Nähe zu den essbaren Wiesen-Champignons wachsen. Nach einem Schnitt durch die Stielbasis verfärbt sich diese beim Karbol-Egerling chromgelb. Er hat zudem einen unangenehmen Geruch, der beim Kochen noch ausgeprägter zum Vorschein kommt.

Exkurs: Champignons und andere Egerlinge

Die Gruppe der Champignons, die auch als Egerlinge bezeichnet werden, umfasst etwa 50 Arten und beinhaltet sowohl essbare als auch giftige Arten. Zuweilen kommen essbare und giftige Champignonarten sogar am gleichen Standort vor. Außerdem besteht beispielsweise beim bekannten Wiesen-Champignon die Gefahr, ihn nicht nur mit dem giftigen Karbol-Egerling zu verwechseln, sondern auch mit dem tödlichen Grünen Knollenblätterpilz. Jeder Pilzsammler muss daher die Merkmale zur Unterscheidung von Wiesen-Champignon und Grünem Knollenblätterpilz sicher kennen.

CHAMPIGNON VS. KNOLLENBLÄTTERPILZ

Sowohl Wiesen-Champignon als auch Grüner Knollenblätterpilz gehören zu den Lamellenpilzen und Faserblättlern. Das wichtigste Unterscheidungsmerkmal ist die Lamellenfarbe. Beim Champignon ist sie zunächst rosa, später braun bis dunkelbraun. Beim Knollenblätterpilz ist sie weiß. Dementsprechend ist die Sporenpulverfarbe beim Champignon braun und beim Knollenblätterpilz weiß.
Der Knollenblätterpilz wächst aus einer deutlich sichtbaren Knolle mit einer häutigen Volva, der Stiel besitzt einen gerief-

Die weißen Lamellen und der geriefte Ring des Grünen Knollenblätterpilzes.

Die braunen, freien Lamellen des Wiesen-Champignons.

Eine der wenigen Champignonarten, die leicht zu bestimmen sind, ist der Schiefknollige Anis-Champignon (Agaricus essettei).

ten weißen Ring und ist meist genattert. Champignons fehlt diese Knolle, ihre Basis kann aber gelegentlich etwas verdickt sein.
Ich empfehle dir, den gefährlichen Pilzen nicht aus dem Weg zu gehen, sondern sie dir ganz im Gegenteil bewusst anzuschauen, die beschriebenen Merkmale zu betrachten und ihren Geruch wahrzunehmen, denn Pilze sind nicht kontaktgiftig.

ANDERE CHAMPIGNONARTEN

Champignons bis auf die Art zu bestimmen ist nicht einfach.
Riechen Champignons beziehungsweise Egerlinge nach Karbol, Fisch oder generell unangenehm, sind sie immer giftig oder zumindest ungenießbar. Dazu gehört der nach Karbol riechende Karbol-Egerling *(Agaricus xanthodermis)*. Auch wenn sie die Stielbasis beim Anschneiden gelb färbt und du keinen Anisgeruch wahrnehmen kannst, ist der Pilz giftverdächtig.
Verfärben sich Champignons gelb und duften nach Anis, so sind sie immer essbar, wie beispielsweise der Schiefknollige Anis-Champignon *(A. essettei)*.
Auch Champignons, die angenehm oder schlicht nach Pilzen riechen und deren Stielbasis sich im Anschnitt nicht gelb färbt, sind essbar. Das gilt auch für Arten, die sich beim Anschneiden rötlich verfärben und einen angenehmen pilz-, anis- oder bittermandelartigen Geruch aufweisen. Dazu gehört der Kleine Wald-Champignon *(A. sylvaticus)*.

Spitz-Morchel

Morchella elata · Morcheln · März–Mai

FRUCHTKÖRPER: 3–15 cm hoch, 3–8 cm breit. Spitzkegelig zulaufend bzw. pyramidenförmig, innen hohl und brüchig. Oliv- bis graubraun, alt schwärzlich. Gesamte Struktur deutlich längs- und quergerippt und ähnelt einer dunklen Bienenwabe. Der Hutrand ist mit dem Stiel verwachsen.
STIEL: Hohl, brüchig, weiß- bis cremefarben, ockergelb oder hellbräunlich.
FLEISCH: Stiel meist ziemlich zäh und knorpelig. Weißlich, dünn, wachsartig und brüchig.
GESCHMACK: Intensiv aromatisch. Keine Geschmacksprobe. Roh giftig.
GERUCH: Angenehm würzig, aromatisch.
SPORENPULVER: Weißlich bis cremefarben.
VORKOMMEN: Folgezersetzer auf kalkreichen Böden. Häufig in Rindenmulch, der schon einige Monaten liegt. Forstwege, Parks, Gärten, Waldrändern, Brandstellen und Waldwiesen, auch an Holzlagerplätzen. Sehr standorttreu.

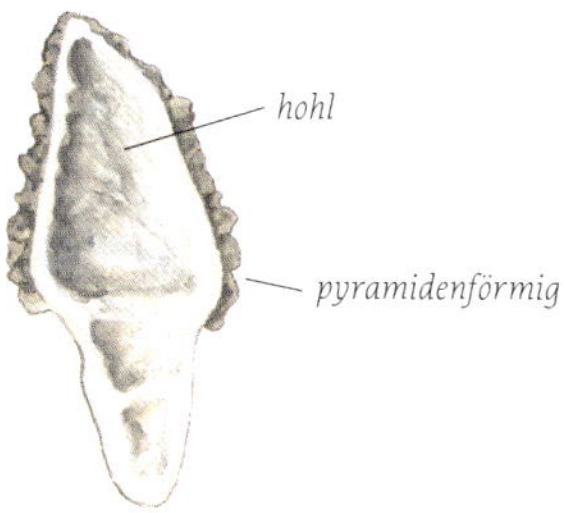

AUF GEMULCHTEN FLÄCHEN

Wenn du dich bei Familie und Freunden als großer Pilzexperte ausgeben willst, kannst du sehr selbstbewusst andeuten, dass auf einer frisch gemulchten Fläche im kommenden Jahr Morcheln wachsen werden. In den meisten Fällen wirst du Erfolg haben. Morcheln benötigen genau solche Standorte. Oft kommen sie dann in großer Zahl auf öffentlichen Flächen oder auf einem Gartenweg vor. Auf der Pilzsuche in der Natur sind die Pilze häufig in der Nähe von Schlüsselblumen, Bärlauch, Seidelbast, Maiglöckchen, Busch-Windröschen und Pestwurz zu finden. Sie sind typische Begleitpflanzen der Morcheln. An ihrem wabenförmigen, spitzen Hut sind sie relativ einfach zu erkennen. Spitz-Morcheln eröffnen für den Pilzjäger die neue Saison. Je nach Region sind sie die ersten Pilze des Jahres und schon ab Mitte März und bis in den Mai zu finden. Zudem schmecken sie fantastisch. Roh oder zu kurz gegart sind Morcheln allerdings giftig und führen zu heftigen Magen-Darm-Störungen.

Getrocknete Morcheln

Getrocknete Morcheln entwickeln noch mehr Aroma. Nach dem Sammeln reinigen und gut durchtrocknen lassen, anschließend trocken lagern. Vor der Verwendung mit heißem Wasser übergießen und für ca. 30 Minuten quellen lassen. Pilze halbieren, eine Zwiebel würfeln und mit Öl oder Butter anbraten. Sahne dazugeben und mit Salz und Pfeffer würzen. Schmeckt hervorragend zu vielen Beilagen.

Die Frühjahrs-Lorchel besitzt gehirnartige Windungen.

VERWECHSLUNG

Neben der hier beschriebenen Spitzmorcheln gibt es noch eine Reihe von Varietäten, deren genaue Artbestimmung sehr schwierig ist. Dazu gehört die Rosastielige Spitz-Morchel, die einen entsprechend rosafarbenen Stiel besitzt. Alle Morcheln sind jedoch essbar. Die größte Gefahr lauert in der Verwechslung mit den giftigen Lorcheln. Diese besitzen keine wabenartige Oberfläche, sondern hirnartige ineinander verschlungene Windungen. Alle Pilze aus der Gruppe der Lorcheln enthalten das Gift Gyromitrin in mehr oder weniger hoher Konzentration, welches Organ-Schäden verursachen kann. Dazu gehören die Frühjahrs-Lorchel *(Gyromitra esculenta)*, die Riesen-Lorchel *(G. gigas)*, die Zipfel-Lorchel *(G. fastigiata)* und die Bischofsmütze *(G. infula)*.

Speise-Morchel

Morchella esculenta · Morcheln · April – Mai

HUT: 4 – 12 cm hoch, 3 – 7 cm breit. Die Form ist stumpfkegelig, rundlich bis eiförmig. Farbe von Honiggelb über Hellbraun, Graugelb zu Grüngelb. Hohler Fruchtkörper mit unregelmäßiger wabenartiger Struktur. Die Rippen sind deutlich heller und oft rostfleckig.
STIEL: 3 – 10 cm lang und bis zu 2,5 cm im Durchmesser. Dieser ist ebenfalls hohl und ist auf weißem Grund teilweise rostfleckig.
FLEISCH: Weißlich-hellgelb, brüchig. Im hohlen Hut wachsartig. Im Stiel meist zäh und etwas knorpelig.
GESCHMACK: Mild. Keine Geschmacksprobe. Roh giftig.
GERUCH: Würzig und pelzig riechend.
SPORENPULVER: Weiß.
VORKOMMEN: Ab April besonders in Auwäldern, aber auch in Gärten und Parks sowie an Waldrändern, auf Waldwiesen und Holzlagerplätzen. Sehr standorttreu.

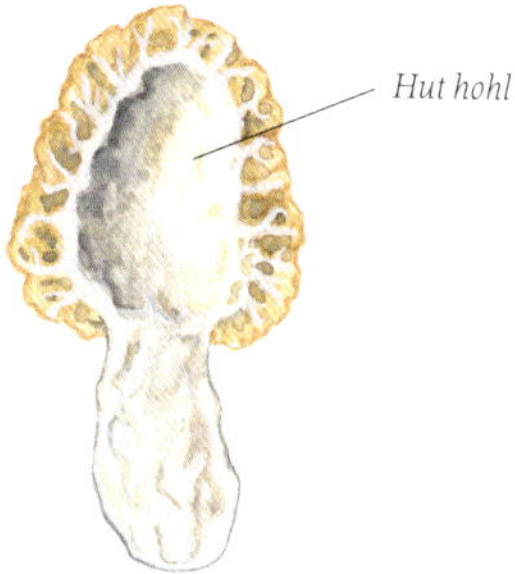

AUGEN AUF!

Im zeitigen Frühjahr kannst du vor allem in Auwäldern und in der Nähe von Eschen Speise-Morcheln finden. Sie lieben Kalkböden und meiden gedüngte Standorte. Ob der Boden kalkreich ist, kannst du erkennen, indem du Ausschau nach Weinbergschnecken hältst. Sie benötigen den Kalk für ihr Schneckenhaus. Manchmal findest du zunächst einen braunen Becherling, den essbaren Morchelbecherling (*Disciotis venosa*). Beide Pilze wachsen sehr oft ganz in der Nähe des jeweils anderen. Morcheln sind oft gut versteckt, es lohnt sich daher, genau hinzuschauen.
Warst du bei der Morcheljagd erfolgreich, solltest du dir diese Stellen gut merken, denn die Pilze sind standorttreu und tauchen dort jedes Jahr wieder auf. Andere Standorte sind Laub- und Mischwälder sowie ungedüngte Wiesen, Hecken, Gebüsche, Lagerplätze von Holz, Obstgärten und manchmal auch kürzlich abgebrannte Flächen oder aufgegrabene Böden. Weitere Hinweise auf Morcheln sind die bereits bei der Spitz-Morchel (S. 234) erwähnten Begleitpflanzen.

Pasta mit Morcheln

Etwa 250 g frische Morcheln unter fließendem Wasser abspülen und gründlich abtropfen lassen. Große Exemplare halbieren oder vierteln. Mit Butterschmalz in die Pfanne geben und für 10–15 Minuten schmoren. Währenddessen 250 g Bandnudeln garen. 250 ml Sahne, Salz, Pfeffer und Zitronensaft hinzugeben und weitere 10 Minuten aufköcheln lassen. Bandnudeln dazugeben und anrichten.

Die Graue Speise-Morchel (Morchella vulgaris) findest du in Gärten, Parks und an Waldrändern.

VERWECHSLUNG

Für Verwechslungen kommen verschiedenen Varietäten in Frage, darunter die Graubraune Speise-Morchel, die Dickfüßige Morchel oder die Braune Morchel, die alle essbar sind. Morcheln müssen gut gegart werden, da sie roh giftig sind. In sehr seltenen Fällen tritt auch nach der richtigen Zubereitung das sogenannte Morchella-Syndrom auf. Es wird durch ein unbekanntes, hitzestabiles Gift ausgelöst und macht sich mit Bauchschmerzen, Brechreiz, Erbrechen, Durchfall, Trunkenheitsgefühl, Zittern, Gleichgewichtsproblemen, Schwindel, Bewegungsstörungen oder einem Blackout bemerkbar. Die Symptome verschwinden in der Regel nach 24 Stunden. Beginne daher mit einer kleinen Menge, wenn du noch nie Morcheln verspeist hast.

Herbst-Trompete, Toten-Trompete

Craterellus cornucopioides · Leistlinge · Juli–November

FRUCHTKÖRPER: Durchmesser etwa 8 cm. Trichterförmig und dünnfleischig, weiche, biegsame Ränder nach außen gerollt. Braun- bis grauschwarz. Der Stiel geht direkt in den Hut über. Die Leisten sind oft nur schwer zu erkennen.
FLEISCH: Dunkle Brauntöne bis schwarzbraun. Elastisch, zäh und dünn.
GESCHMACK: Mild.
GERUCH: Süßlich, fruchtig.
SPORENPULVER: Weiß.
VORKOMMEN: Auf Kalkböden. Mykorrhizapilz in Eichen- und Buchenwäldern. Vom Spätsommer bis November.

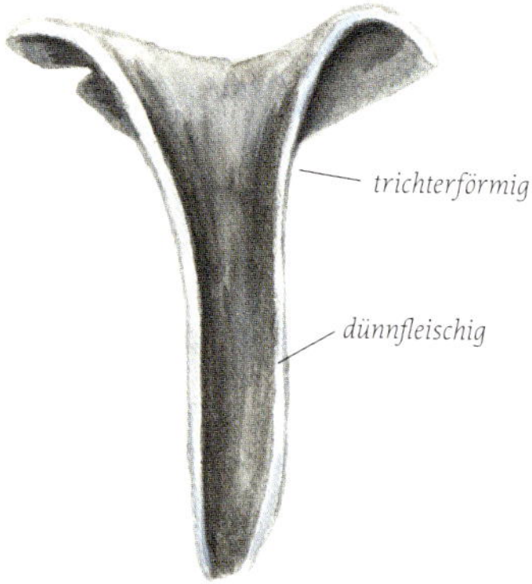

AUGEN AUF

Diesen Pilz kann man trotz seines außergewöhnlichen Aussehens im herbstlichen Wald leicht übersehen. Aufgrund der beinahe schwarzen Färbung des Trichterinneren und der etwas runzeligen hellgrauen Außenseite will man kaum glauben, dass er ein leckerer Speisepilz ist. Diesem traurigen Aussehen hat der Pilz sicherlich auch den Namen Toten-Trompete zu verdanken. Am Standort kommt er meist in größeren Beständen vor und gilt in manchen Regionen sogar als wahrer Massenpilz. Die Herbst-Trompete ist einer der aromatischsten Pilze zum Trocknen und manche Pilzkenner finden ihn geschmacklich sogar noch intensiver als Pfifferlinge. Vor dem Trocknen solltest du einen Blick in den Trichter werfen. Hier versteckt sich gern so manches kleine Tierchen. Ich habe die beste Erfahrung gemacht, den Pilz einfach der Länge nach aufzuschneiden und so gründlich reinigen. Nachdem die Fruchtkörper vollkommen getrocknet sind, kannst du sie mit einer Küchenmaschine zu Pilzpulver vermahlen und in Risottos, Reisgerichten, Suppen und Soßen wunderbar nutzen. Sie eignen sich allerdings genauso so gut für eine Mischpilzpfanne.

Die Krause Kraterelle ist ein sehr guter Speisepilz. Sie wird auch Verbogener Leistling genannt.

Rühreier mit Herbst-Trompete

Zwei Eier verquirlen, mit Salz und Pfeffer würzen und einige getrocknete Herbst-Trompeten oder Herbst-Trompetenpulver dazugeben. Alternativ frische Herbst-Trompeten in Butterschmalz anbraten und die verquirlten Eier darübergeben. Schmeckt wunderbar aromatisch.

VERWECHSLUNG

Die Herbst-Trompete hat ein so ungewöhnliches, charakteristisches Aussehen, dass die Gefahr einer Verwechslung sehr klein ist. Infrage kommen nur einige ebenfalls essbare Pilze aus der Familie der Leistlinge wie beispielsweise der Graue Leistling *(C. cinereus)*, der auch Graue Kraterelle oder Grauer Pfifferling genannt wird. Da der Pilz nicht sehr häufig ist, kommt auch eine Verwechslung nur selten vor. Ähnlich ist auch die Krause Kraterelle *(Pseudocraterellus undulatus)*. Geschmacklich gelten alle drei Arten als ebenbürtig und eine Verwechslung fällt nicht weiter ins Gewicht.

Echter Pfifferling

Cantharellus cibarius · Leistlinge · Juni–Oktober

HUT: Durchmesser 3–12 cm, blass- bis goldgelb oder zitronengelb, polsterförmig gewölbt, später trichterförmig mit welligem Rand und seidig-trockener Huthaut. Verletzte Stellen verfärben sich zunehmend rostgelb.
LEISTEN: Ca. 2 mm dick, mehrfach gegabelt und queradrig verbunden, am Stiel herablaufend. Zuweilen etwas heller als der Hut.
STIEL: Vollfleischig, ringlos, schlank und an der Basis zugespitzt, gleiche Färbung wie der Hut.
FLEISCH: Fest und faserig, weiß bis blassgelblich.
GESCHMACK: Roh mild bis etwas pfefferig.
GERUCH: Obstartig, nach Aprikosen.
SPORENPULVER: Hellgelb.
VORKOMMEN: Mykorrhizapartner von Laub- und Nadelbäumen auf sauren Böden. Vorwiegend bei Kiefern und Fichten, seltener unter Birken, Buchen und Eichen. Gerne an bemoosten Stellen.

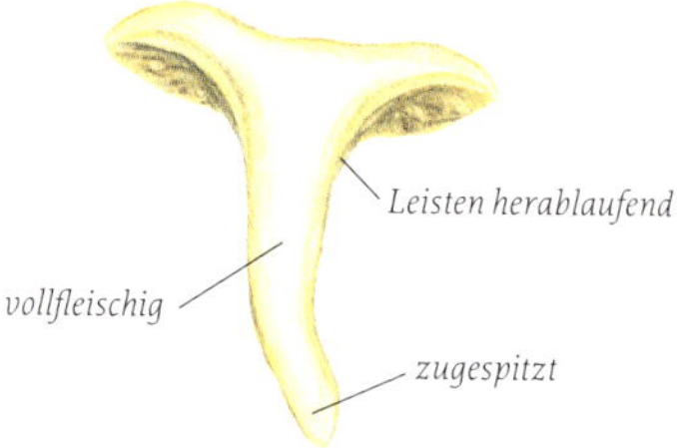

„KEINEN PFIFFERLING WERT"

So beschimpften manche Bauern ihre Knechte, die anstatt Fleisch „nur" Pfifferlinge zu essen bekamen, wenn ihre Arbeitsleistung zu wünschen ließ. Heute gehört der Pfifferling zu den beliebtesten Speisepilzen und ihn zu finden zur Sternstunde eines jeden Pilzsammlers. Hast du einen entdeckt, lohnt es sich, genauer hinzuschauen, denn er wächst gern in Gruppen. Obwohl er auf den ersten Blick so aussieht, ist der Pfifferling kein Lamellenpilz, sondern einen Leistenpilz oder Leistling. Lamellen stehen meist dicht an dicht mit tiefen Einschnitten dazwischen. Leisten kann man sich wie Fußbodenleisten vorstellen, die auf flachem Untergrund aufgebracht sind. Alle Leistlinge sind essbar.

Der Falsche Pfifferling (Hygrophoropsis aurantiaca) ist leuchtend orange gefärbt.

DER FALSCHE PFIFFERLING

Es gibt nicht nur den einen Pfifferling, sondern eine Reihe von essbaren Varietäten. Dazu gehören der Lilaschuppige Pfifferling *(C. amethysteus)*, dessen Hut einen violetten Filz trägt, und der Bereifte Pfifferling *(C. subpruinosus)*, dessen Hut bei jungen Exemplaren entsprechend bereift ist.

Neben den Varietäten wird der Pfifferling vor allem mit dem ungenießbaren Falschen Pfifferling *(Hygrophoropsis aurantiaca)* verwechselt, der zu den Lamellenpilzen gehört. Seine Lamellen lassen sich leicht verschieben und vom Fleisch ablösen. Ihm fehlt der typische Pfifferlingsgeruch, er schmeckt nicht pfefferig und hat eine leuchtend orange Farbe. Solltest du ihn einmal erwischen, ist das kein großes Problem. In größeren Mengen verzehrt führt er allerdings zu Magen-Darm-Beschwerden. Im Gegensatz zum Pfifferling wächst der ähnliche, aber giftige Ölbaumtrichterling *(Omphalotus olearius)* auf Holz. Bisher kam er nur im mediterranen Raum vor. Das könnte sich aufgrund der Klimaveränderung in den nächsten Jahren allerdings ändern. Er hat nur wenige gegabelte Lamellen und eine dunklere oder orangerote Farbe.

Pfifferlinge mit Bratkartoffeln

Bratkartoffeln goldgelb braten. Währenddessen Pfifferlinge mit einer Bürste reinigen und halbieren. Mit etwas Butter und einer Knoblauchzehe in einer weiteren Pfanne anbraten. Bratkartoffeln mit Pfifferlingen, Petersilie, Frühlingszwiebeln und etwas Kräuterquark anrichten.

Trompeten-Pfifferling

Cantharellus tubaeformis · Leistlinge · August – November

HUT: Durchmesser 2 – 7 cm, gelbbraun, graubraun, bei Trockenheit hellgrau. Jung flach, leicht gewölbt und mit zunehmendem Alter trichterförmig. Die Mitte ist meist gefurcht und der Rand radial-wellig.
LEISTEN: Herablaufend, mehrfach gegabelt, querverbunden, graugelb, fest im Fleisch verwachsen.
STIEL: 3 – 8 cm lang, 0,5 – 1 cm dick. Zusammengedrückt, hohl und faserig. Gelb, graugelb oder auch gelbbraun. Kein Ring. Die Basis ist meist etwas heller.
FLEISCH: Weiß bis blassgelb. Dünn und faserig.
GESCHMACK: Mild.
GERUCH: Obstartig, fruchtig, auch blütenartig.
SPORENPULVER: Cremefarben.
VORKOMMEN: Gesellig in sauren, moosigen und feuchten Fichtenwäldern. Seltener in anderen Nadel- oder Laubwäldern. Gerne bei Heidelbeeren wachsend. Mykorrhizapilz. Sommer bis Spätherbst.

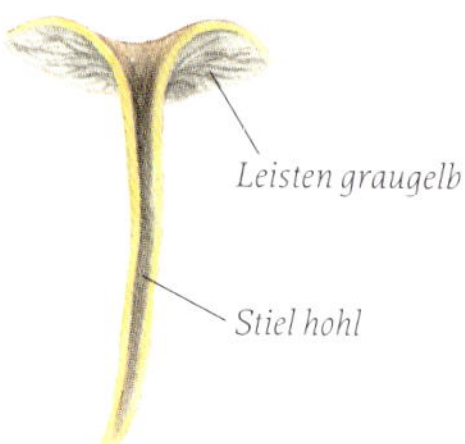

DER UNBEKANNTE

Der Trompeten-Pfifferling ist ein leckerer Speisepilz, der relativ wenig gesammelt wird. Im Gegensatz zum Echten Pfifferling ist er selbst erfahrenen Pilzsammlern oft nicht bekannt. Für den Anfänger ist er als Leistling gut zu erkennen, denn man sieht deutlich, dass er keine Lamellen sondern Leisten besitzt. Meist haben diese viele Querverbindungen.
Im Herbst hast du in Fichtenwäldern, in denen auch schon Heidelbeeren zu finden sind, gute Chancen, einen Korb voller Trompeten-Pfifferlinge zu sammeln. Der Pilz wächst in einer Lebensgemeinschaft mit verschiedenen Nadelbäumen, bevorzugt aber die Fichte. Sehr selten kannst du ihn auch in Buchenwäldern finden. Er wird auch Herbstpfifferling, Hohlstieliger oder Durchbohrter Leistling genannt. Bei der Zubereitung solltest du einen Blick in den hohlen Stiel werfen, denn er ist ein ideales Versteck für kleine Tierchen.

VERWECHSLUNG

Da alle Leistlinge essbar sind, stellt eine Verwechslung mit ähnlichen Arten dieser Gruppe kein Problem dar. Den ähnlichen Gelbstieligen Trompeten-Pfifferling erkennst du an der leuchtend gelben Farbe. Er kommt außerdem häufiger in Mischwäldern vor. Ob es sich dabei tatsächlich um eine eigene Art oder eine Varietät des Trompeten-Pfifferlings handelt, ist noch nicht geklärt, spielt aber für uns keine Rolle. Eine weitere Verwechslungsmöglichkeit ist der seltene Starkriechende Trompeten-Pfifferling, bei dem die Leisten oft nicht sichtbar sind, da die Fruchtschicht eher glatt ist. Am gleichen Standort wie der Trompeten-Pfifferling wächst oft das Grüngelbe Gallertkäppchen *(Leotia lubrica)*. Seine Fruchtkörper sind viel kleiner und der Hut ist käppchenförmig, gummiartig, schmierig und knorpelig. Es gilt mittlerweile als giftig.

Das giftige Grüngelbe Gallertkäppchen kann am gleichen Standort vorkommen.

Toller Trockenpilz

Im Gegensatz zum Echten Pfifferling, der dabei viel Geschmack verliert, ist der Trompeten-Pfifferling hervorragend zum Trocken geeignet. Da er im Herbst z. T. in Massen zu finden ist, kann man einen guten Vorrat anlegen. Er kann zu Pilzpulver gemahlen oder wieder in Wasser eingelegt und wie frisch aus dem Wald verwendet werden.

Krause Glucke

Sparassis crispa · Glucken · August–November

FRUCHTKÖRPER: Durchmesser 15–40 cm. Badeschwamm- oder blumenkohlartiges Aussehen. Elastisch bis gummiartig bzw. brüchig. Unzählige blassockergelbe oder cremefarbene, bandartige und krause Lappen. Der obere Rand ist umgebogen und verfärbt sich mit zunehmendem Alter braun.
STIEL: Am Boden wachsender, weißlich fleischiger Strunk, welcher am Wurzelgeflecht eines Baumes entspringt.
FLEISCH: Weiß bis hellgelb, elastisch oder auch zäh und gummiartig. Zuweilen brüchig, jung marmoriert wirkend.
GESCHMACK: Jung mild, im Alter bitter, nussartig.
GERUCH: Pilzartig, aromatisch.
SPORENPULVER: Farblos, weiß.
VORKOMMEN: Am Wurzelgeflecht von Kiefern, seltener an anderen Nadelhölzern wie der Fichte. Wächst als Parasit oder Zersetzer.

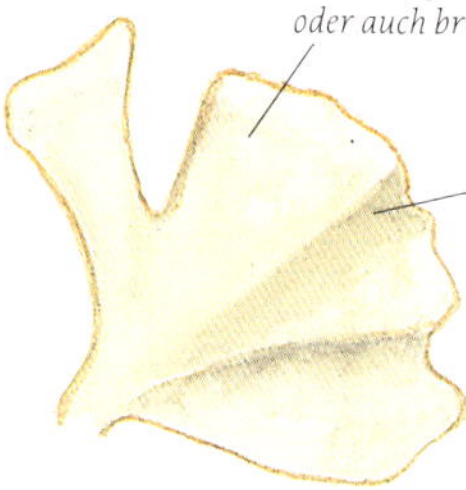

GLÜCKSMOMENTE FÜR PILZSAMMLER

Es ist schon etwas Besonderes, seine erste Krause Glucke zu entdecken. Du findest sie auf der wetterabgewandten Seite von Kiefern, seltener auch an Lärchen oder Douglasien. Die Krause Glucke ist äußerst standorttreu und du hast gute Chancen sie an dieser Stelle noch einmal zu finden. Der Pilz hat lokal verschiedene Namen und wird auch Fette Henne, Ziegenbart oder Bärenschädel genannt. Aufgrund ihrer Größe reicht oft schon ein einziges Exemplar für eine ergiebige Mahlzeit. Es wurden schon 10 kg schwere Exemplare gefunden.

Die Reinigung der Krausen Glucke ist eine kleine Herausforderung, aber das ist Jammern auf hohem Niveau. Lege den Fruchtkörper mit beiden Händen vorsichtig in einen großen Korb und keine anderen Pilze darüber, damit keine zusätzlichen Schmutzpartikel zwischen die Lappen geraten. Zerlege sie am besten vor dem Putzen in Stücke, so kannst du sie anschließend einfach abspülen.

An Stümpfen von Eichen und Buchen wächst der essbare Eichhase (Polyporus umbellatus).

VERWECHSLUNG

Das Aussehen der Krausen Glucke und ihre Fundorte sind so eindeutig, dass sie als fast unverwechselbar angesehen werden könnte. Am ehesten kannst du sie mit der Breitblättrigen Glucke *(S. brevipes)* verwechseln. Dieser Pilz wächst allerdings an Eichen oder Weiß-Tannen. Die Farbe der Fruchtbänder ist deutlich heller. Er ist zwar nicht giftig, verströmt allerdings einen muffigen Geruch, ist sehr zäh und gilt deshalb als ungenießbar. Weitere Verwechslungen sind mit den Korallenpilzen möglich. Unter ihnen gibt es sowohl Speisepilze wie auch einige, die heftige Magen-Darm-Beschwerden verursachen. Die sehr seltenen und geschützten Stachelbärte wären zwar essbar, sollten allerdings zum Schutz der Bestände nicht gesammelt werden.

Semmelknödel mit Krauser Glucke

Die Krause Glucke zerteilen, reinigen und in kleinere Stücke schneiden. Für einige Minuten in leicht köchelndes Wasser geben, abtropfen lassen und mit Butter und Knoblauch in der Pfanne anbraten. Sahne hinzugeben und mit Salz und Pfeffer würzen. Eine der besten Pilzmahlzeiten zu selbst gemachten Semmelknödeln.

Semmel-Stoppelpilz

Hydnum repandum · Stoppelpilze · Juli–November

HUT: Durchmesser 5–15 cm, dickfleischig, gedrungen und polsterförmig gewölbt, weißlich gelb, semmelgelb, zunehmend etwa dunkler werdend. Rand lang eingerollt.

STOPPELN: Weiße, hellorange oder hautfarbene Stoppeln unter dem Hut, die relativ weit auseinanderstehen, im Alter gelblich, am Stiel etwas herablaufend. Fallen im Alter bei Berührung relativ leicht ab.

STIEL: Kurz, bis 5 cm lang, dick und ringlos. Farbe Weißlich, Hellgelb, bei Druck gilbend. Teilweise seitlich sitzend.

FLEISCH: Fest und brüchig, ähnlich den Sprödblättlern. Gelblich-weiß, creme- bis hellorange. Bei Luftzufuhr verfärbt sich das Fleisch gelblich, bei Verletzung gelbrosa bis braun.

GESCHMACK: Zunächst mild und zunehmend bitterlich werdend.

GERUCH: Angenehm.

SPORENPULVER: Weiß.

VORKOMMEN: Besonders gerne auf Kalkböden in Laub- und Nadelwäldern vor allem bei Buchen und Fichten.

LEICHT ZU ERKENNEN

Die Gattung der Stoppelpilze ist gerade für Anfänger leicht zu erkennen. Möchte man die einzelnen Arten sicher bestimmen, wird es schwieriger. Durch die Stoppeln unter dem Hut unterscheiden sie sich erheblich von Lamellen- und Röhrenpilzen. Bei Exkursionen erlebe ich aber immer wieder, dass Teilnehmer, die noch keine Stoppelpilze kannten, diese dann doch zu den Röhrlingen stecken.
Semmel-Stoppelpilze wachsen meist in kleinen Gruppen, sodass sich das Sammeln schnell lohnt. Da die Pilze mit zunehmendem Alter leicht bitter werden, solltest du dich ausschließlich auf junge Exemplare konzentrieren. Du erkennst sie an ihren festen Stacheln, die sich nicht leicht vom Hut lösen lassen. Bei älteren Exemplaren fallen sie leicht ab.
Die Meinungen über den Geschmack des Pilzes gehen weit auseinander. Ich kenne Pilzsammler, die sich das ganze Jahr darauf freuen, dass es wieder Semmel-Stoppelpilze gibt. Weiße und gelbe Stoppelpilze mit mildem Geschmack, die nicht übel riechen – wie etwa der Widerliche Stacheling *(S. leucopus)* – sind essbar. Andere ungenießbare Arten sind entweder auch jung schon bitter oder sehr hart.

Der ebenfalls essbare Habichtspilz hat große, dunkle Schuppen und kommt im Nadelwald vor.

VERWECHSLUNG

Der Habichtspilz *(Sarcodon imbricatus)* kommt für eine Verwechslung in Frage, wenn man nur die Stacheln betrachtet. Sein Hut ist bräunlich und mit abstehenden Schuppen bedeckt. Du kannst ihn trocknen und als Würzpilz verwenden. Ebenfalls essbar sind der seltene Weiße Stoppelpilz *(H. repandum* var. *albidum)* sowie der Genabelte Semmel-Stoppelpilz *(H. umbilicatum)*. Auch mit dem essbaren Schafporling oder Schafeuter *(Albatrellus ovinus)* wird der Semmel- Stoppelpilz gelegentlich verwechselt. Dieser hat einen schmutzig bräunlichen Hut sowie einen rotbraun gefleckten Stiel. Er kommt bei Fichten und verschiedenen Bodenverhältnissen vor.

Semmel-Stoppelpilze in Pfannkuchen

Aus 160 g Mehl, 125 ml Milch, 2 Eiern einen Pfannkuchenteig herstellen. Semmel-Stoppelpilze putzen, in Stücke schneiden und eine Zwiebel würfeln. In etwas Öl andünsten. In einer weiteren Pfanne Pfannkuchen ausbacken. Pfannkuchen mit gedünsteten Pilzen belegen und einrollen. Mit einem frischen Salat genießen.

Judasohr

Auricularia auricula-judae · Ohrlappenpilze · Juli – März

HUT: Durchmesser bis zu 15 cm, ohrförmig, mit Adern durchzogen. Oberfläche meist feinfilzig, samtig.
STIEL: Nicht erkennbar, bildet mit dem Hut eine Einheit.
FLEISCH: Elastisch, gallertartig und zäh. Schrumpft bei Trockenheit sehr zusammen und lebt bei Feuchtigkeit wieder auf.
GESCHMACK: Konsistenz wie Gummibärchen, geschmacksneutral.
GERUCH: Meist erdig und leicht muffig.
SPORENPULVER: Weiß bis cremegelblich.
VORKOMMEN: Bei feuchten Bedingungen ganzjährig, jedoch hauptsächlich im zeitigen Frühjahr. Überwiegend auf Holunder. Gelegentlich auf Birke und sehr selten an Nadelhölzern

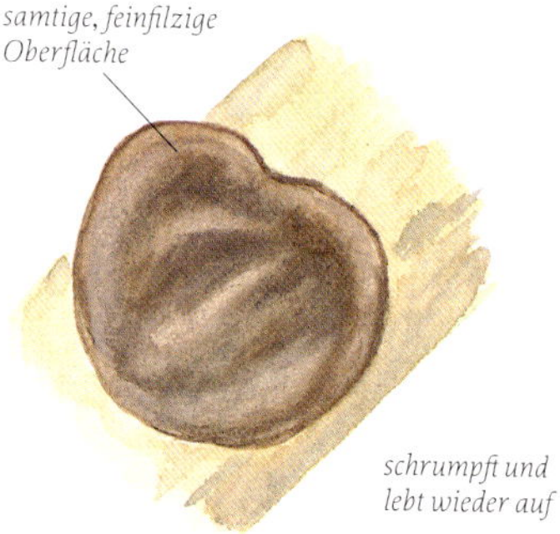

IST DAS EIN PILZ?

Das Judasohr gehört zu den ältesten kultivierten Speise- und Vitalpilzen, die wir kennen. Bereits seit über 1500 Jahren wird es in Asien angebaut. Es war schon damals als „Jungbrunnen" bekannt und wurde zur Steigerung der physischen und psychischen Kräfte und gegen verschiedene Beschwerden verwendet. Chinesische Studien konnten seine immunstabilisierende und cholesterinsenkende Wirkung nachweisen.
Im asiatischen Raum, vorwiegend in China, Taiwan und auf den Philippinen, werden jedes Jahr über 20000 t gezüchtet. In den meisten Speisen in chinesischen Restaurants essen wir den Mu-Err, was so viel wie „Wolkenohr" heißt, als chinesische Morchel mit, ohne zu wissen, dass es sich um das Judasohr handelt.
Es ist auch unter dem Namen Holunderschwamm bekannt. Es hat zwar keinen Schwamm, aber am Holunder wächst es dafür umso zuverlässiger. Der Fruchtkörper kann mehrfach komplett austrocknen und wieder aufquellen.

Der ungenießbare Kandisbraune Drüsling wächst an Nadelholz.

Bärlauch-Omelette

Judasohren in Stücke und Bärlauch in Streifen schneiden. Werden getrocknete Pilze verwendet, müssen sie für einige Minuten in Wasser eingeweicht werden. Pilze für ca. 5 Minuten köcheln, dann abspülen und abtropfen lassen. Währenddessen 3 Eier verquirlen und mit Salz und Pfeffer würzen. Pilze mit etwas Butter in der Pfanne anbraten, die Eier darübergeben. Stocken lassen und den Bärlauch dazugeben, dann zusammenklappen und servieren. Dazu passt ein frischer Wildkräutersalat.

VERWECHSLUNG

Beachte vor allem, an welchem Holz dein Fund wächst. Es ist deshalb wichtig, sich auch mit heimischen Bäumen und Sträuchern auszukennen. Das Kleine Judasohr *(Schizophyllum amplum)* gilt als ungenießbar und kommt in Au- und Bruchwäldern an Zitterpappeln und Weiden vor. Du erkennst es an dem weißlichen, haarigen Filz am Rand. Einige ungenießbare Drüslinge wie der Kreisel-Drüsling *(Exidia recisa)*, der Abgestutzte Drüsling *(E. truncata)* oder der Kandisbraune Drüsling *(E. saccharina)* können bei oberflächlicher Betrachtung zum Verwechseln verleiten. Auch der Fleischrote Gallertbecher *(Ascocoryne sarcoides)* kommt als Verwechslungsmöglichkeit infrage.

Riesenbovist

Calvatia gigantea · Bauchpilze, Stäublinge · Juli – September

FRUCHTKÖRPER: Durchmesser 10 – 60 cm, kann bis zu 20 kg schwer werden. Erreicht oft Fußballgröße. Meist rund oder länglich oval. Jung weiß und fest, später bräunend und weich werdend. Die Außenhülle ist derb bis lederartig und besteht aus zwei übereinanderliegenden Hüllen. Mit zunehmendem Alter wird sie meist gefeldert. Zur Reife zerfällt zunächst die äußere Schicht, die allmählich rissig wird und sich in kleine Stückchen auflöst.
STIEL: Nicht vorhanden. Fruchtkörper hängen an wurzelartigen Myzelsträngen.
FLEISCH: Bei jungen Exemplaren zunächst weiß. Zur Reife erst gelblich, dann schwammartig olivbraun.
GESCHMACK: Mild.
GERUCH: Jung angenehm obstartig. Bei reifen und überreifen Exemplaren unangenehm, harnartig.
SPORENPULVER: Olivbraun.
VORKOMMEN: Auf Wiesen und Weiden, in Gärten, Parks und an Waldrändern. Zersetzer auf nährstoffreichen Böden.

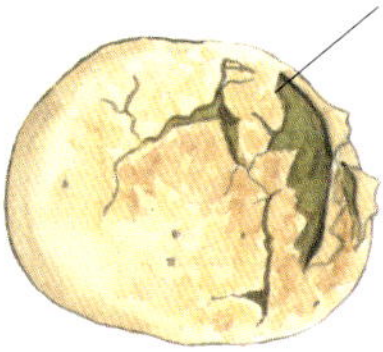

BALL IN DER WIESE

Wirft man nur einen flüchtigen Blick aus dem Auto, wirken die weißen Gebilde auf der Wiese tatsächlich wie Fußbälle. Noch unheimlicher wird der Anblick, wenn sie in einem Hexenring wachsen. Riesenboviste können sehr groß und schwer werden. Sein wissenschaftlicher Name ist daher äußerst passend: *gigantea*, was so viel wie gigantisch oder riesenhaft heißt. Nur die wenigsten erwarten in der weißen Kugel einen durchaus leckeren Speisepilz. Ein Exemplar reicht meist für die gesamte Familie.

Innerhalb von etwa 8–10 Tagen entwickelt sich aus einem zunächst kleinen Fruchtkörper dieser imposante Pilz. Solange das Fleisch im Inneren weiß und fest ist, kannst du ihn sammeln und zubereiten. Entdeckst du beim Aufschneiden bereits erste beige-bräunliche Verfärbungen im Fleisch, hat der Pilz insgesamt schon eine weiche Konsistenz oder riecht er schon unangenehm, ist er als Speisepilz nicht mehr zu verwenden. Ich finde, junge Exemplare schmecken genauso gut wie ein Parasol. Früher wurde das Sporenpulver zur Blutstillung und Behandlung von schlecht heilenden Wunden verwendet, da es diese schnell verschließen konnte.

Riesenbovist-Schnitzel

Bovist in etwa 1 cm dicke Scheiben schneiden. Mit Salz und Pfeffer würzen, durch ein verquirltes Ei ziehen und mit Semmelbröseln panieren. In Öl ausbacken und dabei nur wenig Öl verwenden, da sich die Pilze schnell vollsaugen. Dazu passt Kartoffelsalat. Die fertigen Schnitzel können auch mit Käse überbacken werden.

Im selben Biotop kann auch der kleinere Hasen-Stäubling wachsen.

EIGENTLICH UNVERWECHSELBAR

Sobald die Fruchtkörper eine entsprechende Größe erreicht haben, ist der Riesenbovist unverwechselbar. Zur selben Gattung gehört der Hasen-Stäubling *(Lycoperdon utriforme)*, der bis zu 16 cm groß wird. Er besitzt plattenartige Erhebungen auf der Außenhülle und ist ebenfalls essbar. Das gilt auch für den bis zu 10 cm großen Wiesen-Stäubling *(Lycoperdon pratense)* und den Beutel-Stäubling *(L. excipuliforme)*, der einen dicken Stiel besitzt. Kleine Exemplare können aufgrund der weißen Farbe für Champignons (S. 230) oder Knollenblätterpilze (S. 213, 233) gehalten werden. Du kannst sie anhand der Lamellen unterscheiden.

Flaschen-Stäubling

Lycoperdon perlatum · Bauchpilze, Stäublinge · Juli – November

FRUCHTKÖRPER: 3 – 7 cm hoch, bis 3 cm breit. Markante, umgekehrt birnenförmige bis keulige Form. Unterer Teil stielartig, jedoch mit dem Rest des Fruchtkörpers eine Einheit bildend. Junge Exemplare reinweiß, mit fortschreitender Reife cremefarben bzw. bräunlich. Außenhaut mit kegeligen und pyramidenartigen, körnigen Stacheln oder sehr kleinen Warzen besetzt. Diese lassen sich leicht abwaschen oder fallen von alleine ab und hinterlassen ein Netzmuster.
FLEISCH: Fruchtkörper lässt sich zusammendrücken und macht dabei einen schwammartigen Eindruck. Im jungen Zustand ist das Innere weiß. Mit zunehmender Sporenreife verfärbt es sich gelblich oder olivbraun.
GESCHMACK: Mild.
GERUCH: Angenehm pilzig.
SPORENPULVER: Olivbraun.
VORKOMMEN: Folgezersetzer. Nahezu in jeder Wald- und Bodenform zu finden.

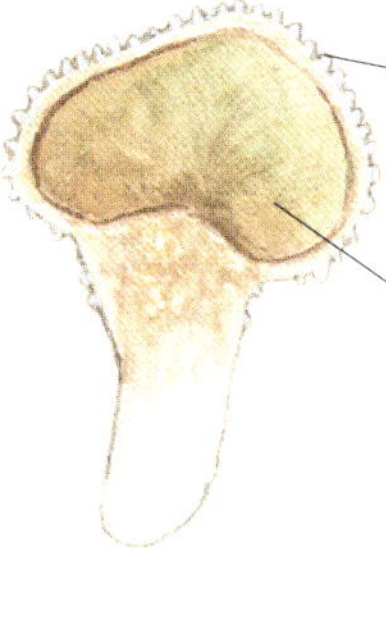

DER STAUBIGE

Stäublinge sind besonders bei Kindern sehr beliebt, denn tritt man auf alte Fruchtkörper, entweicht eine deutlich sichtbare „Staubwolke" bestehend aus den Sporen des Pilzes. Normalerweise sorgen Regentropfen dafür, dass mehrere Millionen reifer Sporen nach außen geschleudert und vom Wind verbreitet werden. Dass es sich hier um Pilze handelt, wissen oft nicht einmal die Eltern.
Stäublinge lassen sich anhand ihres Fußteils von den Bovisten unterscheiden. Die einzelnen Arten sind nicht einfach zu bestimmen, aber alle essbar. Der Flaschenstäubling ist der häufigste. Außer in sehr sauren Wäldern, kommt er auf fast allen Bodentypen vor. Schon von Weitem, leuchten die weißen, birnenförmigen Fruchtkörper. Sie wachsen meist gesellig zusammen. Beim Sammeln bringt ein Schnitt durch den Fruchtkörper Gewissheit über das Alter des Pilzes. Nur Pilze mit reinweißem Fleisch dürfen in den Sammelkorb wandern.
Flaschenstäublinge und ihre Verwandten zählen nicht zu den leckersten Speisepilzen und werden daher häufig auch als „Kriegspilze" bezeichnet, die man nur in Notzeiten isst. Probiere ihn trotzdem einfach einmal aus.

Stäublinge im Teigmantel

Einen Teig aus 125 g Mehl, 1 Ei, 1 Prise Salz, 1 EL Öl, 100 ml Milch und 1 Msp. Backpulver herstellen. Nur junge und innen noch weiße Flaschen-Stäublinge verwenden. Halbieren, auf Holzstäbchen aufspießen und in den Teig tauchen. Pilze für einige Minuten in Öl ausbacken, bis sie goldgelb sind. Kräuterquark als Dipp dazu reichen und fertig ist ein außergewöhnliches Gericht.

Der Igel-Stäubling kommt meist in kalkreichen Laubwäldern vor, jung ist er essbar.

VERWECHSLUNG

Etwa zehn weitere Arten aus der Gruppe der Stäublinge können mit dem Flaschen-Stäubling verwechselt werden. Das erste wichtige Unterscheidungsmerkmal ist die meist rundliche Form der anderen Arten. Der Flaschen-Stäubling ist birnenförmig. Der Igel-Stäubling *(L. echinatum)* hat eine ähnliche Oberfläche mit deutlich sichtbaren Stacheln auf der gesamten Außenhaut. Weitere häufige Stäublinge sind der Stinkende Stäubling *(L. foetidum)* mit einem stechenden Geruch oder der Birnen-Stäubling *(L. pyriforme)*, welcher gasartig riecht. Diese Pilze gehören nicht zu den allerbesten Speisepilzen.

Service

Zum Weiterlesen

Otmar Diez
Unsere essbaren Bäume und Sträucher
Kosmos 2019

Rudi Beiser
Unsere essbaren Wildpflanzen
Kosmos 2022

Stefan Guido Fleischhauer, Jürgen Guthmann, Roland Spiegelberger
Essbare Wildpflanzen
AT 2015

Meike Bosch
Bäume am Blatt erkennen
Kosmos 2024

Margot Spohn, Roland Spohn
Welcher Baum ist das?
Kosmos 2024

Margot Spohn, Marianne Golte-Bechtle, Roland Spohn
Was blüht denn da?
Kosmos 2025

Dr. Ursula Stumpf
Unsere Heilkräuter
Kosmos 2024

Dr. Rita Lüder
Grundkurs Pilzbestimmung
Quelle & Meyer Verlag 2022

Markus Flück
Welcher Pilz ist das?
Kosmos 2024

Andreas Gminder
Handbuch für Pilzsammler
Kosmos 2021

INTERESSANTE INTERNET-SEITEN

http://www.123pilze.de
http://www.pflanzenfreunde.com
http://www.baumkunde.de
http://www.botanikus.de
http://www.forum-naturheilkunde.de
http://www.klostermedizin.de
http://www.smarticular.net
http://www.heilkreuter.de
http://www.kostbarenatur.net
http://www.gizbonn.de
http://www.gifte.de
https://www.dgfm-ev.de

PILZKURSE

http://www.naturschule-diez.de
http://www.pilzkurse.de
https://www.pilzkunde.de
https://www.kreativpinsel.de/termine

Giftnotruf-Zentralen

Berlin: Giftnotruf der Charité
Universitätsmedizin Berlin
Campus Benjamin Franklin
Hindenburgdamm 30
12203 Berlin
Tel.: 030 19240

Bonn: Informationszentrale gegen Vergiftungen, Zentrum für Kinderheilkunde, Universitätsklinikum Bonn
Venusberg-Campus 1 Geb. 30 „ELKI"
53127 Bonn
Tel.: 0228 19240

Erfurt: Gemeinsames Giftinformationszentrum der Länder Mecklenburg-Vorpommern, Sachsen, Sachsen-Anhalt und Thüringen
c/o HELIOS Klinikum Erfurt
Nordhäuser Straße 74
99089 Erfurt
Tel.: 0361 730730

Freiburg: Vergiftungs-Informations-Zentrale Freiburg
Breisacher Straße 86b
79110 Freiburg
Tel.: 0761 19240

Göttingen: Giftinformationszentrum-Nord der Länder Bremen, Hamburg, Niedersachsen und Schleswig-Holstein (GIZ-Nord)
Robert-Koch-Str. 40
37075 Göttingen
Tel.: 0551 19240

Mainz: Giftinformationszentrum (GIZ) der Länder Rheinland-Pfalz und Hessen
Langenbeckstraße 1
Gebäude 601
55131 Mainz
Tel.: 06131 19240

München: Abteilung für Klinische Toxikologie und Giftnotruf München
Ismaninger Str. 22
81675 München
Tel.: 089 19240

Österreich, Wien: Vergiftungsinformationszentrale Wien
Stubenring 6
A-1010 Wien
Tel.: +431 4064343

Schweiz, Zürich: Tox Info Suisse
Freiestrasse 16
CH-8032 Zürich
Tel.: +41 442515151 (Notfall),
+41 442516666 (Auskunft),
145 (landesintern, Notfall)

Liebe Leserin, lieber Leser,

Seit über 30 Jahren versuche ich bewusst, ein möglichst naturbezogenes Leben zu führen.
Nach und nach habe ich mich mit dem biologischen Gärtnern, den Wildkräutern, den essbaren wilden Früchten von Bäumen und Sträuchern, den Beeren und Pilzen beschäftigt. Hierzu schloss ich zahlreiche Ausbildungen an der Paracelsus Schule in Würzburg und Erfurt, der Naturschule Freiburg und im Pilzzentrum Hornberg ab. Es fasziniert mich, wie reichlich uns die Natur die Teller füllen kann, wie vielfältig Wildpflanzen eingesetzt werden können und wie lecker Gemüse aus dem eigenen Garten schmeckt. Seit 2011 betreibe ich eine Naturschule in der Rhön (www.naturschule-diez.de). Gemeinsam mit meiner Tochter Julia gebe ich mein Wissen und die Begeisterung für diese Lebensweise in verschiedenen Seminaren weiter. Schwerpunkt sind in den letzten Jahren die Ausbildung zum „Wald Erlebnis Führer" und „Wildkräuter Erlebnis Führer" geworden. Wir möchten Menschen befähigen, sich ein ausreichendes Naturwissen anzueignen, welches sie in ihrem beruflichen Umfeld, als zweites Standbein oder nur für sich selbst nutzen können.
Dieses Buch beinhaltet genau die Themen, die wir schulen. Ich habe versucht, all meine Erfahrungen niederzuschreiben, welche dir helfen sollen, die vorgestellten Wildkräuter, Bäume und Sträucher, Beeren sowie Pilze kennenzulernen und sie angstfrei sammeln zu können.
Mein Dank geht an Frau Dr. Rita Lüder für die fachliche Unterstützung bei den Pilzen sowie einige tolle Bilder.
Danke an meine Frau Karin für die Hilfe bei den Fotoaufnahmen und das Verständnis für die vielen Stunden, die ich alleine in der Natur unterwegs bin.
Danke an den Kosmos Verlag für das entgegengebrachte Vertrauen, welches die Umsetzung dieses Buches erst ermöglichte.
Danke für die tolle Zusammenarbeit und den unermüdlichen Einsatz an Lisa Hummel, der Projektleiterin und Lektorin beim Kosmos Verlag.

Otmar Diez
Sulzthal, Januar 2023

Register

Rezepte

BÄUME, STRÄUCHER UND WILDFRÜCHTE

PILZE

Wildpflanzen essen — mit Survival Siglinde

160 Seiten

Christine Rauch aka Survival Siglinde bringt uns auf charmant-witzige Art und Weise die faszinierende Welt der essbaren Wildpflanzen nahe, denn: Wildpflanzen gehören in aller Munde! In diesem Wildpflanzenführer der etwas anderen Art hält sie ihr umfangreiches Know-how auch endlich in Buchform fest. Unvergleichlich locker und humorvoll gibt er nicht nur Tipps zum Finden und Sammeln der 50 leckersten Arten, sondern vereint auch spannendes Hintergrundwissen mit kreativen Rezepten.

kosmos.de

IMPRESSUM UND BILDNACHWEIS

Mit 325 Fotos: 1 von Heiko Bellmann/Frank Hecker (S. 78), 1 von Heiko Bellmann/Kosmos (S. 84 li.), 1 von Achim Bollmann/Andreas Gminder (S. 197), 3 von Andreas Gminder (S. 187, 202, 235), 6 von F. Hecker (S. 33, 36, 243, 272 Maiglöckchen und Jakobs-Greiskraut), 11 von Dr. Rita Lüder (S. 84 re., 192, 199, 205, 206, 209, 219, 223, 236, 249, hintere Klappe innen Tiger-Ritterling), 1 von Daniel Peter (S. 258). Alle anderen vom Autor.
Mit 185 Illustrationen: 27 von Tanja Böhning (S. 186, 188, 190, 192, 194, 198, 200, 202, 204, 212, 214, 216, 218, 222, 224, 226, 228, 230, 234, 236, 238, 240, 242, 244, 248, 250, 252), 87 von Anna Fuchs (Innenseite des Umschlags vorne, S. 4/5, Steckbriefkopf, Kolumnentitel), 53 von Marianne Golte-Bechtle (S. 32, 36 re., 38, 42, 44, 46, 48, 50, 52, 54, 56 o., 58, 60, 62, 64, 66, 68, 74, 76, 78, 80, 82, 84, 104, 106, 108, 110, 112, 114 re., 116, 120, 124, 126, 128, 130 li., 136, 138, 140, 142, 144, 146, 148, 152, 154, 156, 158, Klappe vorne außen), 9 von Sigrid Haag (S. 70, 72, 88, 90, 114 li., 118, 122, 150, 160), 1 von Reinhild Hofmann (S. 40), 8 von Roland Spohn (S. 36 li., 56 u., 86, 130 re., 132, 134).

Umschlaggestaltung von Stefanie Wawer, Gramisci Editorialdesign, München, unter Verwendung von 1 Foto von shutterstock/Tanya49 und 1 Illustration von shutterstock/DianaFinch auf der Umschlagvorderseite. Das Foto zeigt Weißdorn *(Crateagus)*. Die Umschlagrückseite zeigt eine Schafgarben-Illustration von shutterstock/FarbaKolerova.

Für die in diesem Buch beschriebenen Rezepte und Methoden übernehmen Autor und Verlag keine Haftung. Weder Autor noch Verlag haften für Schäden, die aus der Anwendung der im Buch vorgestellten Hinweise und Ratschläge entstehen könnten. Bei Verdacht auf Vergiftungen kontaktieren Sie umgehend eine der Giftnotrufzentralen.

Unser gesamtes Programm finden Sie unter **kosmos.de**.
Über Neuigkeiten informieren Sie regelmäßig unsere Newsletter, einfach anmelden unter **kosmos.de/newsletter**.

Gedruckt auf chlorfrei gebleichtem Papier

Pfizerstraße 5–7, 70184 Stuttgart
kosmos.de/servicecenter

ISBN 978-3-440-17113-4
Lektorat: Lisa Hummel
Satz: TEXT & BILD | Michael Grätzbach, Kernen
Produktion: Markus Schärtlein
Druck und Bindung: Printer Trento
Printed in Italy / Imprimé en Italie

DER NATURFÜHRER No. 1*

*Quelle: Media Control MC Metis, Deutschland, FY 2021, WG 420 – Natur und WG 422 – Naturführer, Umsatz

MIX
Papier | Fördert gute Waldnutzung
FSC® C015829
FSC www.fsc.org

Wichtige giftige Wildkräuter

Herbstzeitlose Sie kommt in feuchten Wiesen, lichten Auwäldern und an Böschungen vor. Im Frühjahr bildet sie Blätter, im Herbst rosa Blüten.

Aronstab Er wächst in feuchten Laubwäldern. Seine Blätter sind langgestielt und pfeilförmig, am Fruchtstand stehen rote Beeren dicht gedrängt.

Maiglöckchen Es wächst auf Kalk wie auch auf sauren Böden in halbschattigen Buchen- und Eichenwäldern und bildet zwei bis drei Laubblätter.

Rainfarn Er kommt an Böschungen, Feldrainen und entlang von Wegen auf nicht zu trockenen und nährstoffreichen Böden vor. Blüte: Juni bis September.

Roter Fingerhut Er wächst sehr gern auf Kahlschlägen als zweijährige Pflanze, welche im ersten Jahr nur eine Grundblattrosette ausbildet.

Jakobs-Greiskraut Es kommt auf Wiesen, Ackerbrachland und Magerrasen vor. Alle Teile der Pflanze sind hochgiftig, vor allem auch für Pferde.

IMPRESSUM UND BILDNACHWEIS

Mit 325 Fotos: 1 von Heiko Bellmann/Frank Hecker (S. 78), 1 von Heiko Bellmann/Kosmos (S. 84 li.), 1 von Achim Bollmann/Andreas Gminder (S. 197), 3 von Andreas Gminder (S. 187, 202, 235), 6 von F. Hecker (S. 33, 36, 243, 272 Maiglöckchen und Jakobs-Greiskraut), 11 von Dr. Rita Lüder (S. 84 re., 192, 199, 205, 206, 209, 219, 223, 236, 249, hintere Klappe innen Tiger-Ritterling), 1 von Daniel Peter (S. 258). Alle anderen vom Autor.
Mit 185 Illustrationen: 27 von Tanja Böhning (S. 186, 188, 190, 192, 194, 198, 200, 202, 204, 212, 214, 216, 218, 222, 224, 226, 228, 230, 234, 236, 238, 240, 242, 244, 248, 250, 252), 87 von Anna Fuchs (Innenseite des Umschlags vorne, S. 4/5, Steckbriefkopf, Kolumnentitel), 53 von Marianne Golte-Bechtle (S. 32, 36 re., 38, 42, 44, 46, 48, 50, 52, 54, 56 o., 58, 60, 62, 64, 66, 68, 74, 76, 78, 80, 82, 84, 104, 106, 108, 110, 112, 114 re., 116, 120, 124, 126, 128, 130 li., 136, 138, 140, 142, 144, 146, 148, 152, 154, 156, 158, Klappe vorne außen), 9 von Sigrid Haag (S. 70, 72, 88, 90, 114 li., 118, 122, 150, 160), 1 von Reinhild Hofmann (S. 40), 8 von Roland Spohn (S. 36 li., 56 u., 86, 130 re., 132, 134).

Umschlaggestaltung von Stefanie Wawer, Gramisci Editorialdesign, München, unter Verwendung von 1 Foto von shutterstock/Tanya49 und 1 Illustration von shutterstock/DianaFinch auf der Umschlagvorderseite. Das Foto zeigt Weißdorn *(Crateagus)*. Die Umschlagrückseite zeigt eine Schafgarben-Illustration von shutterstock/FarbaKolerova.

Gedruckt auf chlorfrei gebleichtem Papier

Pfizerstraße 5–7, 70184 Stuttgart
kosmos.de/servicecenter

ISBN 978-3-440-17113-4
Lektorat: Lisa Hummel
Satz: TEXT & BILD | Michael Grätzbach, Kernen
Produktion: Markus Schärtlein
Druck und Bindung: Printer Trento
Printed in Italy / Imprimé en Italie

FSC www.fsc.org MIX Papier | Fördert gute Waldnutzung FSC® C015829

Wichtige giftige Wildkräuter

Herbstzeitlose Sie kommt in feuchten Wiesen, lichten Auwäldern und an Böschungen vor. Im Frühjahr bildet sie Blätter, im Herbst rosa Blüten.

Aronstab Er wächst in feuchten Laubwäldern. Seine Blätter sind langgestielt und pfeilförmig, am Fruchtstand stehen rote Beeren dicht gedrängt.

Maiglöckchen Es wächst auf Kalk wie auch auf sauren Böden in halbschattigen Buchen- und Eichenwäldern und bildet zwei bis drei Laubblätter.

Rainfarn Er kommt an Böschungen, Feldrainen und entlang von Wegen auf nicht zu trockenen und nährstoffreichen Böden vor. Blüte: Juni bis September.

Roter Fingerhut Er wächst sehr gern auf Kahlschlägen als zweijährige Pflanze, welche im ersten Jahr nur eine Grundblattrosette ausbildet.

Jakobs-Greiskraut Es kommt auf Wiesen, Ackerbrachland und Magerrasen vor. Alle Teile der Pflanze sind hochgiftig, vor allem auch für Pferde.